Arqueología, Espeleología y Geología.

Posibilidades de colaboración interdisciplinaria

Ricardo A. Valls Álvarez, P. Geo., M. Sc.

Copyright © 2017 Ricardo A. Valls

Todos los derechos reservados. Esta publicación está protegida por derechos de autor y el permiso debe obtenerse de Valls Geoconsultant antes de cualquier reproducción prohibida, almacenamiento en un sistema de recuperación, o transmisión en cualquier forma o por cualquier medio, electrónico, mecánico, fotocopiado, grabación, o de la misma manera. Para obtener información sobre el permiso, escriba a Valls Geoconsultant al 1008-299 Glenlake Ave., Toronto, Ontario, Canadá, e-mail: vallsvg@gmail.com.

ISBN: 978-1-6985-1897-8

DEDICATORIA

Dedico este trabajo a todos los espeleólogos, arqueólogos y geólogos aficionados de Cuba y el Mundo.

Arqueología, Espeleología y Geología: Posibilidades de colaboración interdisciplinarias.

Tabla de Contenido

Resumen 2
Introdución 3
Observaciones Generales 4
Tectónica y Neo-Tectónica 4
Paleontología 7
Yacimientos Minerales 10
Geoarqueología 11
   La Mineralogía y la Industria Lítica Aborigen 11
   La Petrología y las Rutas Migratorias 14
   La Geoquímica y el Estudio Espectral de los Sitios Arqueológicos
   18
Conclusiones y Recomendaciones 19
La Arqueología Como Criterio de Búsqueda de Yacimientos y manifestaciones de Minerales Útiles 20
   Sumario 21
   Formulación del problema 21
      1. ¿Cuál es el problema? 21
      2. ¿Cuáles son las partes fundamentales del problema? 22
      3. ¿Qué técnicas son necesarias para estudiar el problema? . 22
      4. ¿Por qué se busca una solución? 22
      5. ¿Qué se considera una "solución"? 23
      6. ¿Cómo se podrá comprobar la solución? 23
   Exploración Preliminar del Problema 23
      1. ¿Qué conocemos respecto al problema? 23

Arqueología, Espeleología y Geología: Posibilidades de colaboración interdisciplinarias.

2. ¿Existe analogía con algún otro problema conocido? 24
Interpretación 24
   1. ¿Cuáles son las variantes relevantes y las constantes principales? 24
   2. ¿Cómo se relacionan entre sí? 25
Programación de la Investigación 27
Modelaje Geomatemático 27
Notas acerca de la evaluación 28

Los Procesos Geoquímicos como Mecanismos de Formación de Yacimientos Minerales en Las Grutas y la Investigación Preliminar de los Mismos. 29

Una Introducción a la espeleogeoquímica. 29
   Resumen 30
   Introducción 30
   Procesos Espeleogeoquímicos 31
   El Carso 32
      Precipitados Químicos 32
   Acumulación de Residuos insolubles 35
   Procesos Secundarios 36
      Procesos Mecánicos 36
      Procesos Químico-Mecánicos 37
      Procesos Químico-Orgánicos 37
      Procesos Hidrotermales-Metasomáticos 38
   Plan de Investigaciones Espelogeoquímicas 40
   Conclusiones y Recomendaciones 42
Espeleomineralogía 43

Arqueología, Espeleología y Geología: Posibilidades de colaboración interdisciplinarias.

Resumen 44
Introducción 45
Mineralogía: Nociones Básicas 46
    Generalidades 46
    Formación de Minerales y Rocas 47
    Propiedades Físicas 48
El Estudio de los Carbonatos y Arcillas 55
    Carbonatos- reacción con el ácido clorhídrico diluido y frío. 56
Estudio de las Arcillas 59
Conclusiones y Recomendaciones 61
Referencias 63
Anexo 1. Listado de los minerales más frecuentes, agrupados de acuerdo con la clasificación de minerales de James D. Dana. 67
Anexo 2. Variedades más comunes de cuarzo 71
Acerca del Autor 83

Lista de Figuras

Figura 1. Algunas de las formas más frecuentes de representar las rosas diagramas de agrietamiento. 4
Figura 2. Reflejo de los movimientos neo-tectónicos en las formaciones secundarias de las grutas. Cueva de Conrado Camacho de la Gran Caverna de Santo Tomás. 5
Figura 3. Sólo el hundimiento y desplazamiento posterior del techo pueden explicar el cambio de dirección en el crecimiento de algunas estalactitas en Cueva Calero, Matanzas. 6
Figura 4. Silueta del cráneo de un Mesocnus torrei descubierto en la Cueva de los Paredones. 8

Arqueología, Espeleología y Geología: Posibilidades de colaboración interdisciplinarias.

Figura 5. Mandíbula de nesophontes descubierta en la Cueva del Indio en 1949. 8
Figura 6, Cráneo de solendon, cortesía de https://buff.ly/35nKrJp. 9
Figura 7. Megalocnus rodens cubano, cortesía de https://buff.ly/2nG5dDa. 9
Figura 8. Todos nuestros aborígenes utilizaron la piedra con mayor o menor arte para confeccionar instrumentos de trabajo y caza. ... 14
Figura 9. Mapa geológico esquemático del Occidente de Cuba a escala 1:3 000 000 con la representación de los principales afloramientos de rocas ígneas y metamórficas. 16
Figura 10. Posible ruta de migración de los aborígenes hacia el occidente de Cuba. 17
Figura 11. Modelo de recolección de información. 27
Figura 12. Ejemplo de recolección de información 28
Figura 13. Sistemática de los procesos espeleogeoquímicos. 32
Figura 14. Cuevas de Bellamar, Matanzas, Cuba. 33
Figura 15. Ejemplo de cristal de espato de Islandia. 33
Figura 16. Sección transversal de una estalagmita tipo geiser, según N. Jiménez (1980). 34
Figura 17. Depósitos de bauxita en cuevas al sur de Francia. 35
Figura 18. Ejemplo de mineralización polimetálica del tipo Mississippi Valley. 39
Figura 19. Ciclo de formación de las rocas (cortesía de https://buff.ly/2nmr2rd). 47
Figura 20. Ejemplo de la raya de la galena (https://buff.ly/2LOOkiI). 49
Figura 21. Escala de dureza relativa de Mohs (https://buff.ly/2ALPBRn). 50
Figura 22. Set de lápices de dureza (https://buff.ly/2AQyH3S). ... 51
Figura 23. Determinación de la micro dureza de un mineral en condiciones de laboratorio (https://buff.ly/2AOXg1q). 51
Figura 24. Ejemplos de clivaje en una, dos, y tres direcciones (https://buff.ly/2oSDijF). 52

Arqueología, Espeleología y Geología: Posibilidades de colaboración interdisciplinarias.

Figura 25. Ejemplo de fractura concoidea (https://buff.ly/3OObJF9). 53
Figura 26. Determinando la presencia de minerales magnéticos en una muestra. 54
Figura 27. Ejemplo de cerusita fluorescente (https://buff.ly/2niXtGO). 59
Figura 28. Ejemplo de cristal de roca (https://buff.ly/2ItqCGE)... 71
Figura 29. Ejemplo de amatista (https://buff.ly/31TDzBc). 72
Figura 30. Ejemplo de cuarzo rosa (https://buff.ly/31NwClj). 72
Figura 31. Ejemplo de cuarzo ahumado (https://buff.ly/2LPYuj2). 73
Figura 32. Ejemplo de cuarzo lechoso (https://buff.ly/2Vnojdt). . 73
Figura 33. Ejemplo de citrino (https://buff.ly/2p0UoLW). 74
Figura 34. Ejemplo de venturina (https://buff.ly/2oYAEZo). 74
Figura 35. Ejemplo de cuarcitas férricas (https://buff.ly/2pR0PBV). 75
Figura 36. Ejemplo de cuarzo rutilado (https://buff.ly/2VoIRSX). 75
Figura 37. Ejemplo de cuarzo ojo de gato (https://buff.ly/30NPn6N). 76
Figura 38. Ejemplo de cuarzo ojo de tigre (https://buff.ly/31SKta2). 76
Figura 39. Ejemplo de calcedonia (https://buff.ly/2IqPNcW). 77
Figura 40. Ejemplo de carniola (sardio) (https://buff.ly/2Vnqm19). 78
Figura 41. Ejemplo de crisoprasa (https://buff.ly/2It1RL0). 78
Figura 42. Ejemplo de heliotropo (https://buff.ly/2MmexnJ). 79
Figura 43. Ejemplo de ágata (https://buff.ly/2ATHv9b). 79
Figura 44. Ejemplo de ónice (https://buff.ly/2LQXxHb). 80
Figura 45. Ejemplo de jaspe (https://buff.ly/31TzeOx). 80
Figura 46. Ejemplo de pedernal (https://buff.ly/335QCQn). 81
Figura 47. Ejemplo de sílex (https://buff.ly/2AMYbzt). 81
Figura 48. Ejemplo de arenales en varadero, Cuba (https://buff.ly/30TCdFg). 82

Arqueología, Espeleología y Geología: Posibilidades de colaboración interdisciplinarias.

Figura 49. Ejemplo de areniscas (https://buff.ly/2VhXwiM)........82

Lista de Tablas

Tabla 1. Cronograma de ejecución de los trabajos........................27
Tabla 2. Estudio de los carbonatos. 56

AGRADECIMIENTOS

Agradezco la ayuda prestada por el aspirante a investigador y especialista en arqueología de la Delegación territorial de la Academia de Ciencias en Matanzas, el Lic. Carlos Roque García, así como las observaciones, críticas y sugerencias del Lic. Leonel Pérez Orozco, del Lic. Wilfredo Mesa y de otros profesores de la cátedra de Geografía del Instituto Superior Pedagógico José Marti.

Un agradecimiento especial al joven arqueólogo matancero Jorge Díaz y a su grupo espelológico-arqueológico, tanto por su apoyo práctico en las expediciones y visitas como en las múltiples discusiones de los materiales y resultados obtenidos.

Agradezco las opiniones y sugerencias recibidas por el candidato a doctor Alberto Sánchez González, especialista en Ciencias Técnicas de la D.T. de la A.C.C., así como las sugerencias del ingeniero agregado Alberto Florido Trujillo de la misma entidad.

Agradezco así mismo al comité organizador de la I Jornada Científico-Técnica Provincial "Geociencias 89" por la aceptación de la primera versión de este trabajo y a la S.E.C. por la oportunidad brindada de participar como ponente en el Congreso Internacional 50 aniversario de la Sociedad Espeleológica de Cuba. Quisiera agradecer también las críticas y sugerencias recibidas durante la exposición de este trabajo durante el Congreso Internacional "50 Aniversario de la S.E.C.", las cuales se tuvieron en cuenta durante la redacción final de este trabajo.

En fin, deseo agradecer a todos aquellos que de una forma u otra contribuyeron a la culminación de este trabajo. A todos, muchas gracias.

Resumen

A pesar de la existencia de intereses investigativos comunes, hasta la fecha no se ha logrado una colaboración estable y generalizada entre geólogos, espeleólogos y arqueólogos. Desde su creación en febrero del 1989, la Filial Matanzas de la Sociedad Cubana de Geología orientó una parte considerable de su trabajo a la colaboración con espeleólogos y arqueólogos de la provincia y -aunque aún parciales- los resultados iniciales de dicha colaboración pueden catalogarse de muy satisfactorios. El presente texto pretende divulgar las experiencias obtenids de dicha colaboración. Sintéticamente se mencionan en el mismo las ventajas del estudio geológico de las cuevas para las determinaciones neo-tectónicas, paleontológicas, estratigráficas, etc. Se señala la potencialidad de las espeluncas como fuente de materia primas. Se explican algunos proyectos de investigaciones interdisciplinarias que pudieran ayudar a esclarecer aspectos generales, tales como la existencia o no por parte del aborigen cubano de conocimientos mineralógicos básicos, las posibles variaciones de la composición elemental de la dieta del aborigen y la presencia en esta de elementos nocivos a partir del análisis químico de las cenizas de sus fogatas, etc. Teniendo como punto de apoyo las variedades petrológicas asociadas a sitios arqueológicos en la provincia, se argumenta una posible ruta migratoria de algunos grupos aborígenes que se asentaron en Matanzas y se ofrece un méodo científico para su constatación. Por último, se recomienda la continuación y profundización de estos trabajos en la certeza y convicción de que el camino hacia los descubrimientos científicos modernos transita -preferiblemente- a través de las colaboraciones interdisciplinarias.

Arqueología, Espeleología y Geología: Posibilidades de colaboración interdisciplinarias.

Introducción

El acrtual desarrollo alcanzado por las ciencias ha implicado la integración e interdependencia de estas, con el fin de obtener resultados más lógicos y confiables. Ante la complejidad de los fenómenos naturales, sólo un enfoque multidisciplinario tendrá posibilidades de éxito en la compleja tarea de interpretarlos, comprenderlos, y -en ocasiones- aprovecharlos.

A pesar de que es prácticamente imposible establecer límites bien definidos y claros entre los campos de acción de la geología, la geografía y la espeleología, aún no se ha logrado una integración sistemática y generalizada entre estas especialidades, situación esta que es posible extender a la arqueología, donde las posibilidades de colaboración son así mismas notables.

Los métodos geológicos de investigación son perfectamente aplicables -y deberían ser aplicados- en la espeleología y la arqueología para el mutuo beneficio de estas especialidades y de la ciencia en general. Bajo esta óptica, la Filial Matanzas de la Sociedad Cubana de Geología desde su creación en febrero del 1989, ha orientado una parte considerable de su trabajo a la colaboración con los espeleólogos y arqueólogos de la provincia y -aunque parciales- nos sentimos contentos de los resultados obtenidos.

El presente trabajo presenta una síntesis de las experiencias obtenidas de dicha colaboración y muestra algunos caminos para el desarrollo ulterior de dicha colaboración.

Arqueología, Espeleología y Geología: Posibilidades de colaboración interdisciplinarias.

Observaciones Generales

Las cuevas brindan al geólogo la posibilidad de adentrase unos metros en la corteza terrestre y observar "desde adentro" la estratigrafía de la región, las variedades mineralógicas, etc. Estas observaciones han de efectuarse fundamentalmente en las paredes de las grutas al estar -por lo general- el techo de las mismas cubiertas por formaciones secundarias y el piso por arrastres y acumulaciones mecánicas, derrumbes, etc.

Tectónica y Neo-Tectónica

Sabido es que una gran cantidad de grutas se desarrollan a lo largo de las zonas de mayor debilidad tectónica. Por ende, el realizar un estudio de agrietamiento de las cuevas (Fig. 1) nos permitiría llegar a conclusiones acerca de la tectónica del área (Pavlinov & Sokolovskiĭ, 1990).

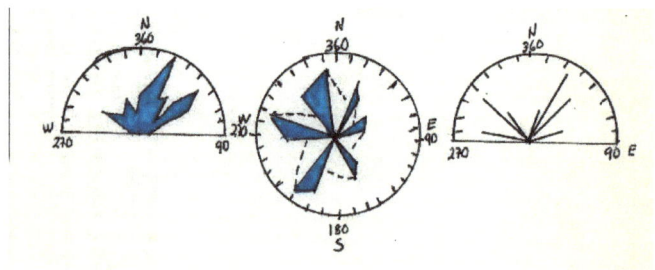

Figura 1. Algunas de las formas más frecuentes de representar las rosas diagramas de agrietamiento.

En ocasiones, las cuevas nos permiten estudiar los plegamientos e incluso detectar y medir los movimientos neo-tectónicos reflejados en las deformaciones de las formaciones secundarias. En la Fig. 2 podemos observar un desplazamiento de 15 cm reflejado en la fractura y posterior desplazamiento de una columna (Jiménez, 1980).

Arqueología, Espeleología y Geología: Posibilidades de colaboración interdisciplinarias.

Figura 2. Reflejo de los movimientos neo-tectónicos en las formaciones secundarias de las grutas. Cueva de Conrado Camacho de la Gran Caverna de Santo Tomás.

En otros casos, el estudio estadístico de las desviaciones en la orientación de las estalactitas puede darnos una idea de la antigüedad de los movimientos neo-tectónicos.

Este es el caso de la Cueva Calero, en Matanzas, famosa por el hallazgo arqueológico de un enterramiento múltiple pertenecientes a la cultura pre-agro-alfarera (Ciboneyes) con restos de 66 individuos en los 40 m^2 de excavaciones realizadas (Martín, 1989).

Según declaró a Girón el especialista en espeleología de la delegación Territorial de la Academia de Ciencias en Matanzas, Fernando Franco Ramírez, la cueva se abre por medio de una dolina de disolución provocada por el derrumbe de una porción central del techo. Su forma es predominantemente circular y sus galerías se orientan a través del buzamiento de los estratos de calizas y las grietas en las rocas. Esta cueva es rica en formaciones secundarias

Arqueología, Espeleología y Geología: Posibilidades de colaboración interdisciplinarias.

tales como estalactitas, estalagmitas, mantos, columnas y otros espeleotemas (de Jesús, 1989).

Personalmente pude observar un fenómeno por lo demás curioso y bastante frecuente en las estalactitas de esta cueva, el cual consiste en una desviación muy marcada del ángulo de crecimiento de algunas estalactitas, tal como se representa esquemáticamente en la Fig. 3. Es perfectamente comprensible que, dado que la dirección del goteo responde a la fuerza de gravedad, este ángulo fue provocado por un cambio en el ángulo de inclinación del techo explicable por el hundimiento y desplazamiento del mismo en el momento en que los derrumbes que acompañaron este movimiento neo-tectónico conformaron el aspecto presente de la gruta.

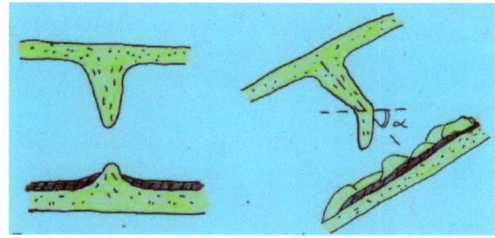

Figura 3. Sólo el hundimiento y desplazamiento posterior del techo pueden explicar el cambio de dirección en el crecimiento de algunas estalactitas en Cueva Calero, Matanzas.

Si se asume como cierta la velocidad de crecimiento de las estalactitas como de 1 cm cada 100 años y se determina el valor medio del tamaño de las estalactitas medidas a partir del punto de inflexión, sería posible estimar la edad en que ocurrió el hundimiento del techo, con las consiguientes inplicaciones que dicho dato pueda tener sobre los hallazgos arqueológicos bajos los derrumbes.

Arqueología, Espeleología y Geología: Posibilidades de colaboración interdisciplinarias.

Paleontología

Las cuevas son sitios ideales para la búsqueda y recolección de fósiles y como tal deben ser estudiados por los geólogos. En el año 1989, al explorar en compañía del grupo Norbert Casterett del Comité Espeleológico de Matanzas la cueva Quintana, situada al fondo del IPVCE "C. Marx", pudimos observar una enorme cantidad de fósiles marinos perfectamente conservados de edad Plioceno inferior y medio (G. Franco, común. Pers.). Lo interesante es que en ninguna parte de la superficie, ni por los alrededores, pudimos observar huellas de estos fósiles tan abundantes dentro de la cueva.

Los hallasgos paleontológicos en las cuevas de Cuba comenzaron a registrarse en el 1941, con el descubrimiento de un diente fósil de un escualo prehistórico en la Cueva de los Derrumbes, perteneciente al sistema cavernario de las Cuevas de Cotilla (de Leuchsering, 1944).

También por el inicio de la década de los 40, en las Cuevas de Bellamar, Matanzas, se localizaron restos del Megalocnus rodens, así como jutías fósiles del género Geocapromys y de otros edentados de la familia del Mesocnus (Fig. 4).

Arqueología, Espeleología y Geología: Posibilidades de colaboración interdisciplinarias.

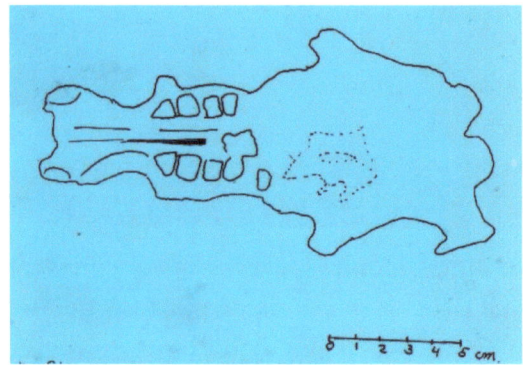

Figura 4 Silueta del cráneo de un Mesocnus torrei descubierto en la Cueva de los Paredones.

En abril del 1949 se descubrió en la Cueva del Indio de Calabazar una mandíbula de nesophontes (Fig. 5).

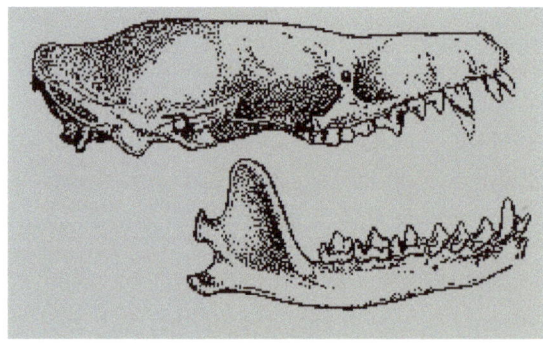

Figura 5. Mandíbula de nesophontes descubierta en la Cueva del Indio en 1949.

En noviembre del mismo año, en la Cueva de Brea, ubicada en la falda Norte del pan de Azúcar (Pinar del Río), se encontró un cráneo de solendon (Fig. 6), "siendo el primer ejemplar de este género que se halla en el Occidente de Cuba".

Arqueología, Espeleología y Geología: Posibilidades de colaboración interdisciplinarias.

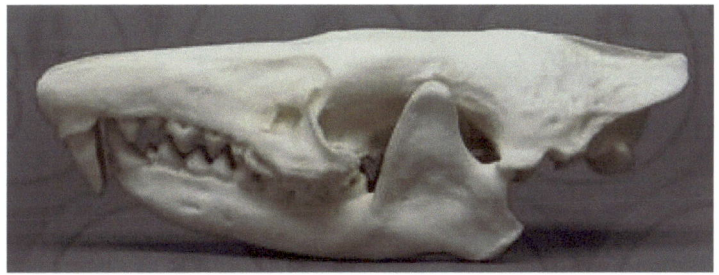

Figura 6, Cráneo de solendon, cortesía de https://buff.ly/35nKrJp.

También es este año se descubren en las Cuevas de Bellamar restos fósiles del Megalocnus rodens (Figura 7) así como se reporta la presencia de erizos, gastropodas, brachiopodas, corales y otras especies de fósiles marinos.

Figura 7. Megalocnus rodens cubano, cortesía de https://buff.ly/2nG5dDa.

En enero del 1954 en la Cueva de Pío Domingo en Pinar del Río, se encontró "un cráneo completo de Maglocnus y un esqueleto casi completo de Solendon, otro de mesocnus y posiblemente una nueva especie de jutía ya extinta".

Arqueología, Espeleología y Geología: Posibilidades de colaboración interdisciplinarias.

En el 1956, en una galería de la Gran Caverna de Santo Tomás en Pinar del Río, se descubrieron restos fósiles pertenecientes a los géneros Mesocnus y Microcnus, del grupo de los desdentados.

Entre los investigadores que han dedicado parte de su trabajo a estos estudios, es importante recordar a Oscar Arredondo (Arredondo, 1950) y los trabajos de Nestor A. Mayo (Mayo, 1970) entre otros. Cabe mencionar acáel descubrimiento en febrero del 1989 de un fósil de tortuga terrestre inidentificado y de varios ejemplares de nesophontes, solenodon S.P. y de una especie de la familia megalononchidae en Cueva Calero (C. Roque García, común. pers.).

Yacimientos Minerales

Son varios los procesos geoquímicos que tienen lugar en las cuevas, muchos de los cuales conllevan a la formación de yacimientos de minerales útiles (Valls Álvarez, 1990).

Los más conocidos son las acumulaciones de guano de murciélago empleados principalmente en la agricultura para el mejoramiento de suelos. Entre las acumulaciones de guano más importantes en Cuba se destacan las de Cueva de Seboruco y Cueva de Serones en la provincia Granma y las Cuevas del Indio en Tapaste, La Habana (Jiménez, 1980). También se destacan los trabajos de Eduardo Labrada Rodríguez y José Marrero Basulto (Labrada Rodriguez & Marrero Basulto, 1970) quiene evaluaron en 43,000 m^3 las reservas de guano en Camagüey. Otro sitio de intensa -y vale decir indiscriminada- explotación se realizó en la Cueva del Indio de la Sierra de Cubitas, también en Camagüey, donde además del guano se explotaron "las rocas fosfatadas del suelo de la espelunca" (Jiménez, 1980).

Pero además del guano, las cuevas pueden ser depositorias de valiosos minerales. Tal es el caso del oro y diamantes (Sudáfrica), bauxita (sur de Francia), menas de níquel (oriente de Rusia), el

Arqueología, Espeleología y Geología: Posibilidades de colaboración interdisciplinarias.

nitrato y el salitre (Crimea, Chile), las arcillas y el caolín (Finlandia) y otros muchos minerales más (Ферсман, 1952).

Casi todos estos minerales pueden ser encontrados en cantidades económicamente explotables también en Cuba y es importante la tarea de encontrarlos, evaluarlos y entregarlos a la economía nacional (Valls Álvarez, 1990). Como premisas e indicios de búsqueda tenemos la existencia de arcillas blancas -probablemente caolinita- en la Cueva del Indio del Abra del Yumurí en Matanzas (de Leuchsering, 1944), la presencia de latosolitas (terra rossa) con importantes contenidos de cromo (Franco, 1970), la presencia de nitratos en las capas de guano del Sistema Cavernario de Cotilla en La Habana (Jiménez, 1980) y por último la existencia de agua en el sistema cavernario de Cajitas de Agua en Behucal, La Habana (de Leuchsering, 1944).

Geoarqueología

En la difícil tarea de reconstruir e interpretar el pasado de la humanidad -y para solucionar los múltiples enigmas que estas culturas nos plantean- los arqueólogos (salvo contadas excepciones) no aprovechan totalmente la ayuda que le pueden brindar los métodos geológicos de investigación y los conocimientos geológicos en general. Situación esta tanto más difícil de entender si tenemos en cuenta el uso tan intensivo, variado y generalizado que tuvieron las rocas y minerales en las manos de nuestros aborígenes.

La Mineralogía y la Industria Lítica Aborigen

Es característico el uso de rocas y minerales por todos nuestros aborígenes, desde los buriles y puntas de gran tamaño de la variante cultural Seboruco (1,000 – 33,000 a.p.) hasta las hachas petaloides, majaderos e ídolos de la variante cultural Maisí (800 a.p.) (Guarch Delmonte, 1988).

Arqueología, Espeleología y Geología: Posibilidades de colaboración interdisciplinarias.

Sin embargo, poco se conoce acerca de las variedades mineralógicas empleadas por nuestros aborígenes, las cuales se agrupan generalmente bajo el nombre de "sílex". A pesar de ser este un término internacionalmente aceptado entre los arqueólogos, el mismo es incorrecto desde el punto de vista estrictamente mineralógico, pues sílex es sólo una de las variantes de cuarzo criptocristalino y, para más, una de las menos frecuentes en Cuba. Al menos hasta los inicios de la década de los años 90, ni en los museos, ni en las colecciones particulares, ni directamente en los sitios arqueológicos que he visitado en la provincia de Matanas, he encontrado el primer ejemplar de sílex propiamente dicho (Kraus, Hunt, & Ramsduell, 1959)

Este mal uso del término síles o síles arqueológico como también se le denomina (Acanda Gonzalez, 1979a, 1984) ocasiona la pérdida de una valiosa y muy variada información la cual, en otros casos, ha permitido sospechar la existencia de un proceso de "selección mineralógica" por parte del aborígen durante la confección de sus instrumentos (Acanda Gonzalez, 1987; Valls Álvarez, 1990).

Menos aún se conoce sobre la petrología en los sitios arqueológicos, si bien esto es comprensible puesto que -a diferencia de las variedades mineralógicas más sencillas de determinar (Valls Álvarez, 1990)- se necesitan conocimientos más profundos para la identificación de los tipos de rocas y no sonm pocas las ocasiones en que el geólogo ha de recurrir a técnicas de laboratorio más avanzadas -estudios petroquímicos, secciones delgadas, etc.- para poder determinar con certeza la variedad petrológica que estudia.

Antes de finalizar, relaciono a continuación una serie de trabajos que se deben de realizar al material lítico de los sitios arquelógicos:

1. Al describir los núcleos, debe especificarse el ancho y largo de cada uno con el fin de estimar el grado de rodamiento. Esto a su vez nos permite tener una idea de la distancia a que

Arqueología, Espeleología y Geología: Posibilidades de colaboración interdisciplinarias.

> el núcleo fue arrastrado también deberá medirse el peso en kg de cada núcleo como dato adicional para estimar las posibilidades físicas de su traslado por el aborigen.
> 2. Al realizar estudios mineralógicos pudiera realizarse el siguiente diseño de experimento:
>   a. Realizar un muestreo areal y representativo del sitio arqueológico (Valls Álvarez, 1989).
>   b. Clasificar el material lítico recolectado (herramientas, material para perforar, golpeas, pulir, etc.).
>   c. En cada clase determinar:
>   i. Los tipos mineralógicos existentes
>   ii. El porcentaje de predominio de cada tipo en lo que se refiere a cantidad de piezas.
>   iii. Realizar un agrupamiento sólo apoyados en las características organolépticas (color, estructura, olor, textura, etc.).
>   iv. Establecer el porcentaje de predominio de cada tipo.

Los puntos c.i. y c.ii sirven para determinar las variedades mineralógicas más empleadas por el aborigen. Un buen tratamiento estadístico (Valls Álvarez & Valls Álvarez, 1990) permitirá establecer si existe alguna relación entre la función del objeto y la variedad mineralógica, así como verificar la intensidad de dicha relación (Bondarenko, 1970; Kashdan, Guskov, & Chimanskii, 1979). En lo que respecta a los puntos c.iii y c.iv nos permitirá, luego de un tratamiento estadístico similar, establecer el aborigen seleccionaba a o no entre las variedades líticas a su alcance aquellas que resultaban mejores para la confección de sus instrumentos. Además, pudieran establecerse diversos grados de "especialización" entre los grupos aborígenes. El campo de suposiciones que aquí se abre es suficientemente variado incluso para el más inconforme de los investigadores.

Arqueología, Espeleología y Geología: Posibilidades de colaboración interdisciplinarias.

La Petrología y las Rutas Migratorias

En el punto anterior hice referencia a la poca atención que el arqueólogo presta a los tipos de rocas que encuentra en los sitios arqueológicos. Sin embargo, "es la piedra la que ofrece mayor caudal de testimonios al prehistoriador" (Trincado, Castellanos, & Sosa Montalvo, 1973) (Fig. 8).

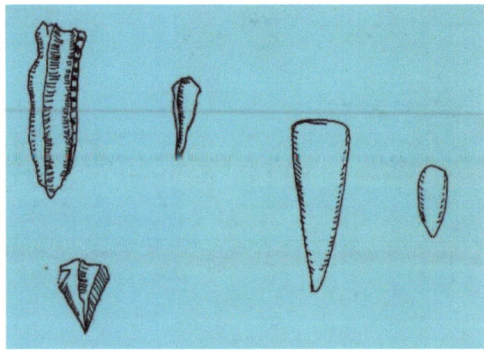

Figura 8. Todos nuestros aborígenes utilizaron la piedra con mayor o menor arte para confeccionar instrumentos de trabajo y caza.

Para ejemplificar lo anterior quisiera presentar un caso donde el estudio petrológico permitió llegar a una sólida hipótesis acerca de las rutas migratorias de algunas culturas aborígenes en la provincia de Matanzas, Cuba.

Durante el año 1989 visité algunos sitios arqueológicos en la provincia, tales como la zona de Bellamar (Grupo Norbert Castarett del C.E.M.), la zona Canimar – Yaití y el valle del Río san Agustín (J. beltran Mosquera) donde observé la presencia de cantos rodados de hasta 0.5 x 0.3m de rocas ígneas y -en el caso específico del Valle del San Agustín- rocas metamórficas, asociados a montículos o en los talleres líticos. Se trataba fundamentalmente de granitoides (plagiogranodioritas, granitos, etc.), dioritas, gabros, basalto y de

Arqueología, Espeleología y Geología: Posibilidades de colaboración interdisciplinarias.

algunas variedades metamórficas típicas de una fasie alta de metamorfismo dinámico, tales como el granito gneiss, las amfibolitas, etc.

No asombra tanto la regularidad de la presencia de dichas rocas, como la total ausencia en todo el occidente del país de fuentes apropiadas para dichas variedades, a excepción del basalto y el gabro que sí lo podemos encontrar en el Valle del Yumurí.

Otro aspecto importante que destacar es el carácter redondeado y pulido de estos cantos rodados de rocas ígneas y metamórficas, lo cual implica que los mismos fueron acrreados largas distancias por una corriente fluvial potente, dado el peso y tamaño de algunos de los cantos observados.

O sea, al ubicar la fuente original necesitamos encontrar un área con un gran desarrollo de rocas ígneas y metamórficas, atravesadas por una potente red fluvial. Si observamos el mapa geológico esquemático presentado en la Fig. 9, podemos establecer que las zonas más cercanas a Matanzas que cumplen con estos requisritos son la Zona Estructuro-Facial (Z.E.F.) Manicaragua y la Z.E.F. Trinidad como fuente fluvial más probable tenemos el Río Agabama que corta ambas Z.E.F. para luego desembocar al mar o el Río Arimao, el cual atraviesa todo el batolito de plagiogranodioritas de Manicaragua.

Arqueología, Espeleología y Geología: Posibilidades de colaboración interdisciplinarias.

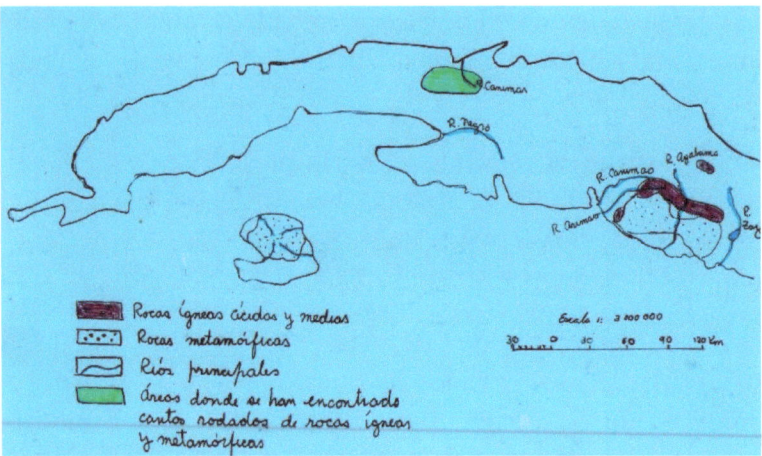

Figura 9. Mapa geológico esquemático del Occidente de Cuba a escala 1:3 000 000 con la representación de los principales afloramientos de rocas ígneas y metamórficas.

A todo lo largo del cauce dee estos ríos he podido constatar la presencia de cantos rodados de estas rocas. Llamativa también es la composición mineralógica y textura de estas plagiogranodioritas idénticas a las de la formación Manicaragua en la Z.E.F. del mismo nombre.

Esta situación permite plantear la hipótesis de que las rocas ígneas y metamórficas que aparecen en los sitios arqueológicos de Matanzas en forma de cantos rodados fueron transportados por nuestros aborígenes desde las estribanías de la Sierra de Guamuya y del batolito del área de Manicaragua. La vía más probable que utilizaron fue la marina, partiendo de la desembocadura del Río Agabama o de la Bahía de Jagua hasta llegar a Matanzas por Playa Larga o adentrándose por los ríos navegables hacia el interior. Posteriormente continuaron asentándose cada vez más al norte, probablemente en busca de la costa.

Arqueología, Espeleología y Geología: Posibilidades de colaboración interdisciplinarias.

Esta ruta (Fig. 10) se ve confirmada por los trabajos de regionalización arqueológicas realizadas en la provincia (Roque García, 1989). Lo más significativo de esta hipótesis es que la misma puede ser verificada, lo cual le brinda al arqueólogo una nueva herramienta de trabajo. Efectivamente, es posible a partir de estudios petroquímicos y/o de secciones delgadas determinar no sólo su variedad exacta, sino también la formación a la que pertenecen con lo cual quedaría plenamente identificada la fuente primaria del material y por consiguiente, su ubicación geográfica. Este es otro ejemplo de las amplias posibilidades de colaboración interdisciplinarias que se abren ante nosotros y que no debemos desaprovechar.

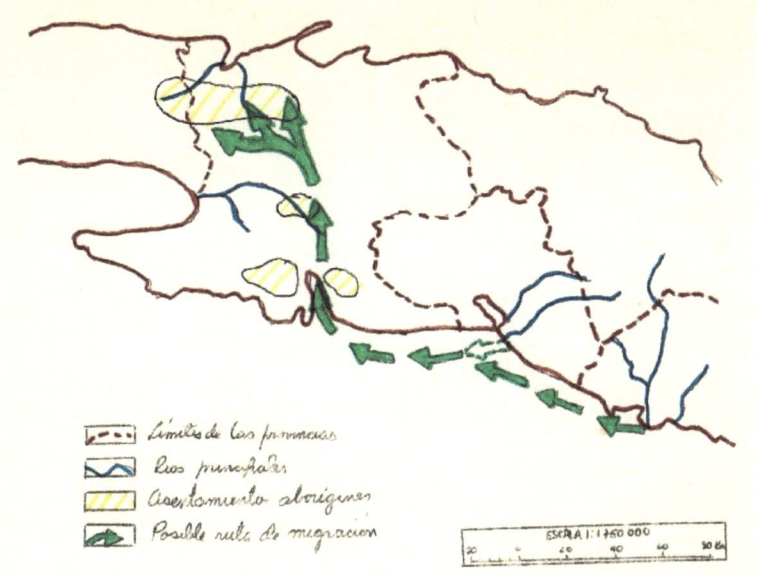

Figura 10. Posible ruta de migración de los aborígenes hacia el occidente de Cuba.

Arqueología, Espeleología y Geología: Posibilidades de colaboración interdisciplinarias.

La Geoquímica y el Estudio Espectral de los Sitios Arqueológicos

El análisis multielemental es capaz de deterctar has 61 elementos hasta p.p.t. en una muestra[1]. Dicho análisis presenta además las ventajas de ser muy barato, rápido y la colección de muestra es muy sencilla.

Entre los elementos posibles a determinar tenemos algunos nocivos como el plomo, el arsénico y el mercurio. La presencia de dichos elementos en las cenizas de los fogones o en los restos óseos pudieran verter luz adicional en los estudios paleopatológicos que se realicen en el futuro.

El muestreo sistemático de las cenizas de los fogones y su posterior análisis multiespectral pudiera -por otra parte- revelar los cambios y regularidades en los contenidos de los elementos trazas en la dieta aborigen a lo largo del tiempo. Dichos cambios pudieran relacionarse a variaciones de la dieta, enfermedades, etc., todo lo cual sería de gran utilidad para el investigador arqueológico.

---

[1] https://buff.ly/2m58MSx

Arqueología, Espeleología y Geología: Posibilidades de colaboración interdisciplinarias.

Conclusiones y Recomendaciones

La principal conclusión que se desprende dee este trabajo es que la colaboración entre geólogos, espeleólogos y arqueólogos no sólo es útil, sino necesaria en el entendimiento de que el camino hacia los nuevos descubrimientos científicos transita, ineludiblemente, a través de la integración de las ciencias y de los estudios multidisciplinarios.

En este trabajo se presentan los resultados obtenidos de algunas investigaciones conjuntas realizadas. Se brindan orientaciones prácticas para realizar futuras investigaciones, mostrándose el amplio panorama de trabajos multidisciplinarios posibles a enfrentar en el futuro.

Es por todo esto que la principal recomendación de este trabajo es un llamado a la integración y cooperación entre geólogos, espeleólogos y arqueólogos por encima de las diferencias y peculiaridaes individuales de cada especialidad, con el fin de añadir nuestro grano de arena al avance de estas ciencias.

Arqueología, Espeleología y Geología: Posibilidades de colaboración interdisciplinarias.

La Arqueología Como Criterio de Búsqueda de Yacimientos y manifestaciones de Minerales Útiles

P. Geo. Ricardo A. Valls, M. Sc.

Lic. Leonel Pérez Orozco

DOI 10.17605/OSF.IO/CS3RG

Arqueología, Espeleología y Geología: Posibilidades de colaboración interdisciplinarias.

Sumario

La mayor utilidad del presente escrito es que sirva de modelo de cómo organizar una investigación científica de un tema en específico. Desde la formulación del problema a la recolección de información; de la generación de una hipótesis de alto nivel explicativo hasta la contrastación de los resultados para llegar finalmente a la presentación de la solución en forma de un reporte predictivo. Espero que el modelo le sea de utilidad en su trabajo investigativo.

Formulación del problema

1. ¿Cuál es el problema?

Los aborígenes cubanos usaron de forma intensiva y extensiva las rocas y minerales a su alcance, tanto en la confección de instrumentos, como en la construcción de adornos, elementos mágico-ritualísticos, pinturas, etc.

Las rocas y minerales fueron utilizadas por todas las variantes culturales y en todos los estadios de desarrollo del aborigen cubano.

El aborigen se adaptaba a la materia prima a su alcance. Esto permite aventurar la siguiente Hipótesis de trabajo: "Las variedades mineralógicas que se encuentran asociadas a la industria lítica en un sitio arqueológico, fueron tomados de las cercanías de este, dentro del radio de acción del aborigen".

De ser esto cierto, el estudio mineralógico detallado de los sitios arqueológicos pudiera servir de criterio de búsqueda de yacimientos o manifestaciones de minerales.

Arqueología, Espeleología y Geología: Posibilidades de colaboración interdisciplinarias.

2. ¿Cuáles son las partes fundamentales del problema?

    a. Establecerla relación entre la composición mineral de un sitio arqueológico y la posible fuente de materia prima del mismo.

    b. Realizar pronósticos de manifestaciones minerales en base a las variedades mineralógicas que se detecten en los sitios arqueológicos.

3. ¿Qué técnicas son necesarias para estudiar el problema?

    a. Se requiere una búsqueda exhaustiva en el Archivo Histórico y en los reportes arqueológicos existentes.

    b. Son necesarios trabajos de verificación en el campo.

    c. Es posible que se necesiten horas de tiempo de máquina hacia el final de la investigación para el modelaje geomatemático de los datos y la confección de un reporte de resultados.

4. ¿Por qué se busca una solución?

    a. Porque la misma puede ayudar a la ubicación de yacimientos o manifestaciones minerales asimilables al nivel de las industrias locales.

    b. Porque pueden ubicarse manifestaciones de oro en aluviones y vetas primarias.

    c. Porque se puede acumular información útil para comprender los movimientos de las migraciones de los aborígenes.

    d. Porque se pueden eliminar algunos "errores mineralógicos" cometidos en la antigüedad, tales como las famosas piezas de basaltos rojos que no son más que bauxitas litificadas.

Arqueología, Espeleología y Geología: Posibilidades de colaboración interdisciplinarias.

5. ¿Qué se considera una "solución"?

El establecer que existe una dependencia directa entre la composición mineralógica de un sitio arqueológico y una fuente cercana de la materia prima usada.

6. ¿Cómo se podrá comprobar la solución?

La solución se comprobará no sólo a partir del establecimiento empírico de la relación entre la composición mineralógica del sitio arqueológico con la presencia de dicha materia prima en la vecindad del sitio, sino también -fundamentalmente- con la creación de una teoría o hipótesis generalizadora de alto nivel.

Exploración Preliminar del Problema

1. ¿Qué conocemos respecto al problema?

a. Nuestras culturas aborígenes no alcanzaron en ningún caso desarrollos elevados que permitieran el establecimiento de relaciones de intercambio (comercio) de materias primas minerales.
b. El aborigen cubano utilizaba generalmente el material que tenía más cercano. Por ejemplo, en Sardinero, matanzas, la industria lítica está representada mayormente por corales y calizas coralinas, en tanto que en sitio yaití, Matanzas, predominan las variedades criptocristalinas de cuarzo.
c. La única excepción a lo anterior, pudieran ser fenómenos de transculturación o paleo-contactos.
d. Existen reportes acerca de que los aborígenes lavaron oro para los españoles al inicio de la colonización.
e. Las investigaciones mineralógicas llevadas a cabo hasta la fecha carecen generalmente de rigor científico, al no estar realizadas por profesionales del ramo.

Arqueología, Espeleología y Geología: Posibilidades de colaboración interdisciplinarias.

    f. Por otra parte, los geólogos profesionales casi nunca se interesan por la arqueología, razón por la cual no se había propuesto antes este tema de investigación.

2. ¿Existe analogía con algún otro problema conocido?

No. En todo caso guarda cierta relación con las investigaciones sociales, por lo que se debe incluir algún especialista en esta ciencia.

Interpretación

1. ¿Cuáles son las variantes relevantes y las constantes principales?

Variantes

    a. Material lítico empleado.
    b. Variante cultural aborigen.
    c. Fenómenos de interferencia (migración, transculturización, paleo-contacto, etc.).
    d. Naturaleza geológica de la zona.
    e. Fuente de materias primas minerales.
    f. Radio de acción de la comunidad aborigen.

Constantes

    a. Bajo nivel cultural (en general) de nuestras comunidades aborígenes.
    b. Desconocimiento de técnicas mineras (a excepción de las jaguas para lavar oro).
    c. Asimilación de la materia prima más abundante en su entorno.
    d. Estabilidad geológica del período analizado.

Arqueología, Espeleología y Geología: Posibilidades de colaboración interdisciplinarias.

2. ¿Cómo se relacionan entre sí?

Lo anterior permite suponer que el aborigen cubano utilizaba en la confección de sus instrumentos el material más abundante en sus alrededores.

Hipótesis "ad hoc"

Formulación: ¿Pueden ser utilizados los residuos líticos de un sitio aborigen como criterio (o índice) de búsqueda de yacimientos o manifestaciones minerales en una zona?

    a. No existía ninguna forma de comercio o intercambio regular de materias primas minerales entre nuestros aborígenes.
    b. En una primera etapa, no se tomarán en cuenta las variantes de paleo-contacto y/o transculturización.
    c. Se limitarían las investigaciones a algunos puntos clave de la Provincia de Matanzas.

Problemas Unitarios

1. En un mapa 1:100 000 (o de mayor escala) ubicar las zonas de desarrollo de las variantes culturales en la Provincia.

2. En cada variante cultural escoger 1 ó 2 sitios arqueológicos teniendo en cuenta su:

2.1. Representatividad.

2.2. Tamaño.

2.3. Riqueza del material lítico.

2.4. Condiciones de acceso.

2.5. Conservación.

2.6. Existencia de información.

Arqueología, Espeleología y Geología: Posibilidades de colaboración interdisciplinarias.

3. Búsqueda exhaustiva en el Archivo Histórico en dos direcciones:

3.1. Datos sobre minería aborigen en el territorio, principalmente de oro.

3.2. Informes científicos acerca de los sitios arqueológicos.

4. Creación de un modelo geomatemático para la selección y el procesamiento de la información.

5. Estudio in situ de los sitios seleccionados y del entorno geológico, principalmente en los arrastres fluviales.

6. Procesamiento de la información de acuerdo con el modelo geomatemático aceptado.

7. Obtención y contrastación de los resultados.

8. Obtención de soluciones parciales.

9. Eliminar las Hipótesis ad hoc.

10. Nueva contrastación de los resultados.

11. Propuesta de una teoría o Hipótesis explicativa de alto nivel.

12. Propuesta de un modelo de investigación para regiones análogas en otras Provincias.

13. Confección del informe.

14. Pronóstico de zonas de mineralización.

Arqueología, Espeleología y Geología: Posibilidades de colaboración interdisciplinarias.

Programación de la Investigación

Tabla 1. Cronograma de ejecución de los trabajos.

Punto investigativo	1	2	3	4	5	6	7	8	Semanas 9	10	11	12	13	14	15	16	17	18
1	X																	
2		X																
3	X	X	X	X														
4	X																	
5					X	X	X	X	X	X								
6						-	-	X	X	X								
7									X									
8								X	X									
9									X									
10									X	X								
11											X	X	X					
12													X					
13													X	X	X	X	X	
14									-	-	-	-	-	-	-	-	X	X

Modelaje Geomatemático

Figura 11. Modelo de recolección de información.

Arqueología, Espeleología y Geología: Posibilidades de colaboración interdisciplinarias.

Notas acerca de la evaluación

1. Si la materia prima del sitio existe en el área, en la columna "Evaluación" se repetirá el % de su ocurrencia en el sitio.
2. Si la materia prima no existe en la zona, se asignará el valor de cero a la columna "Evaluación".
3. Si la materia prima **no existe** en el sitio, aunque si exista en la zona, no se tendrá en cuenta en la sumatoria.
4. La fila correspondiente a las menas no es de gran significado, dado que su "ausencia" en el área puede deberse al bajo conocimiento geológico de la zona.

Veamos un ejemplo hipotético.

Sitio:	Yaiti Arriba	Área del asentamiento:	3	km^2
Ubicación geográfica:	En la margen izquierda del afluente Yaiti a 500 m corriente arriba luego de su confluencia con el Río Canímar.			
Coordenadas				
UTM E:				
UTM N:				
Elevación:				
Zona UTM:				
Naturaleza de la industria lítica y su presencia en la zona				
Materia prima	%	¿Existe en la zona?	Dstancia, km	Evaluación
Carbonatos	19	Si	0	19
Silicatos	80	Si	0	80
Rocas magmáticas	0.9	No	-	0
Rocas metamórficas	-	-	-	-
Menas	0.1	?	-	-
			Sumatoria:	99

Figura 12. Ejemplo de recolección de información.

O sea que el aborigen del sitio analizado resolvía el 99% de la materia prima para su industria lítica del entorno geológico.

Arqueología, Espeleología y Geología: Posibilidades de colaboración interdisciplinarias.

Los Procesos Geoquímicos como Mecanismos de Formación de Yacimientos Minerales en Las Grutas y la Investigación Preliminar de los Mismos.

Una Introducción a la espeleogeoquímica.

P. Geo., M. Sc. Ricardo A. Valls Álvarez

DOI: 10.31219/osf.io/y6kdp

Arqueología, Espeleología y Geología: Posibilidades de
colaboración interdisciplinarias.

Resumen

Si el estudio de los procesos geoquímicos en condiciones tropicales
es aún joven en países tropicales, menos todavía se conoce acerca
de dichos procesos en las grutas y cavernas. El estudio de los
procesos espelogeoquímicos es importante ya que muchas grutas
representan zonas de debilidad tectónica y por ende son más
propensos a los procesos hidrotermales-metasomáticos. Además,
por su morfología y posición topográfica, las espeluncas son en
ocasiones depositarias de importantes acumulaciones de minerales
útiles, tal como la bauxita, el caolín, la fosforita, algunas piedras
preciosas, el manganeso, y otros.

En ocasiones son los mismos procesos geoquímicos los que
conllevan a la formación de importantes minerales en las grietas.

En este reporte se analizan estos procesos geoquímicos y se propone
un plan de observaciones espelogeoquímicas factibles de ser
desarrollados inclusos por aficionados sin preparación geológica
especial.

Introducción

> "Cuba -geológicamente hablando-
> Es un País de cavernas"
> J. H. Planas, 1944

El proceso geológico más común en Cuba es el que conlleva a la
aparición y evolución del carso, el cual adquiere su mayor desarrollo
en las rocas carbonatadas que conforman el 65% del territorio
(Lavandero & Martinez, 1990), aunque la acción del carso se
extiende a rocas más resistentes (Acevedo Gonzalez & Gutierrez
Domech, 1975). Personalmente he podido observar en Sancti
Spíritus macizos de serpentinitas con un pseudocarso incipiente que

Arqueología, Espeleología y Geología: Posibilidades de colaboración interdisciplinarias.

en ocasiones se desarrolla hasta conformar un típico *lapiés* (Valls Álvarez, 1988).

La existencia casi generalizada de los procesos cársicos y su inusitada potencia vienen dados también por las favorables condiciones climáticas que imperan en nuestra Isla. Sin embargo, casi nada se conoce de los procesos geoquímicos en nuestras cuevas, las cuales representan aún **zonas blancas** en el conocimiento geológico.

En este reporte se presenta la sistemática de los procesos espeleogeoquímicos y se explica la importancia de estos como fuente de recursos naturales, con ejemplos de dicho quimismo en Cuba y otras partes del Mundo. Así mismo se presenta un programa para realizar observaciones geoquímicas preliminares en grutas, el cual puede ser realizado por personal aficionado.

Tal como puede apreciarse en el índice, el reporte se ha estructurado siguiendo el algoritmo presentado en la Fig. 3, para facilitar la comprensión de este.

Procesos Espeleogeoquímicos

> "Los fenómenos del carso y las cavernas,
> Son procesos puramente químicos…"
> A. E. Fersman
> B.

En las cuevas transcurren diversos procesos producto de los cuales se incrementa la migración de los elementos, con la consiguiente aparición de nuevas areolas geoquímicas y mineralógicas. Gran parte de estas areolas deben su origen a los procesos cársicos. Otras, las más importantes, deben su origen a la infiltración de soluciones químicas en los poros y fracturas de la roca encajante.

La Figura 13 muestra la sistemática de estos procesos espelogeoquímicos

Arqueología, Espeleología y Geología: Posibilidades de colaboración interdisciplinarias.

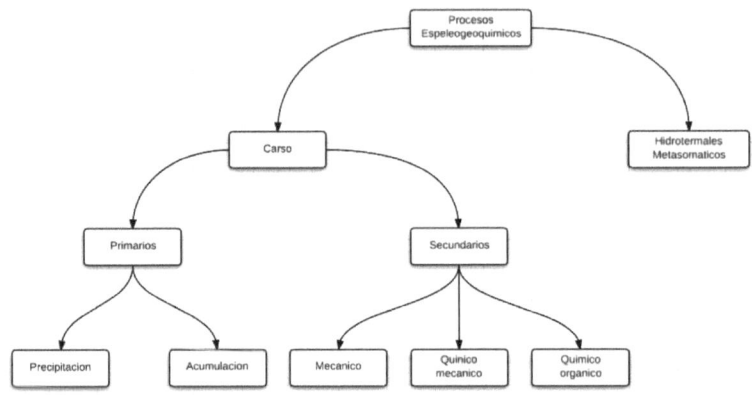

Figura 13. Sistemática de los procesos espeleogeoquímicos.

El Carso

En el proceso de carstificación hay que diferenciar dos eventos geoquímicos:

1. La precipitación de los productos como resultado de la acción del ácido carbónico sobre la roca
2. La acumulación de los residuos insolubles de esta disolución en el piso de las grutas.

Precipitados Químicos

Los precipitados químicos son los responsables de la formación de estalactitas, estalagmitas, y demás formaciones secundarias las cuales determinan la belleza de estas cavidades subterráneas (Fig. 14).

Arqueología, Espeleología y Geología: Posibilidades de colaboración interdisciplinarias.

Figura 14. Cuevas de Bellamar, Matanzas, Cuba.

La naturaleza química de estas formaciones secundarias o espeleotemas puede ser muy variada. Se conoce la existencia de estalactitas de baritina, celestina, de yeso y otros sulfatos, etc., aunque predominan las de naturaleza carbonatada. De gran importancia económica son las conformadas por espato de Islandia (Fig. 15).

Figura 15. Ejemplo de cristal de espato de Islandia.

En ocasiones, producto de la presencia de impurezas de carácter mecánico o de determinados elementos cromóforos, las formaciones secundarias adquieren un carácter jaspeado o coloreado en bandas

Arqueología, Espeleología y Geología: Posibilidades de colaboración interdisciplinarias.

que tanto en México como en Argelia se explotan bajo el nombre industrial de "ónice marmóreo". Parecido por su belleza, pero de distinta génesis son los "mármoles" del Cáucaso. En ese caso la coloración se debe a la acción de fuentes hidrotermales de baja temperatura.

Es de señalar que en Cuba existen también evidencias de actividad hidrotermal en cuevas (Fig. 16). Me refiero a las estalagmitas de tipo geiser descubiertas en la Gran Caverna de Santo Tomás en la Sierra de Los Órganos, Pinar del Río).

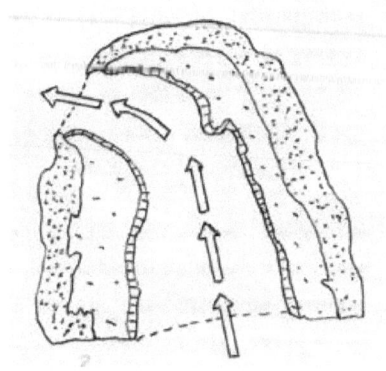

Figura 16. Sección transversal de una estalagmita tipo geiser, según N. Jiménez (1980).

En Cuba se conoce de la existencia de estalactitas de calcedonia en La Habana (Kraus *et al.*, 1970:287), así como de la existencia de formaciones secundarias de yeso en las cuevas de las elevaciones de Punta Alegre, en Camagüey (Labrada Rodriguez, 1975) y de "flores de yeso" (maclas) en Cueva Martín, Villa Clara). Un año antes) se reportó la existencia de estalactitas de aragonito en la Cueva Perfecto, en Pinar del Río.

Muy interesante es el reporte de helictitas verdes en Cueva Jíbara, en Villa Clara. Las helictitas en cuestión presentan puntas de color verde, *"posiblemente debido a la presencia de óxidos de cobre en ellas*" (Jiménez, 1967). La presencia de estas helictitas coloreadas constituye un indicio de búsqueda que debe de ser tenido en cuenta por el geólogo profesional.

Acumulación de Residuos insolubles

Paralelamente a la deposición de los carbonatos y otras sales, el ácido carbónico libera partículas de sustancias no solubles, principalmente de composición silícea.

Se trata de arcillas, generalmente ricas en óxidos de aluminio, hierro, y vanadio. Famosos por esa causa son los yacimientos de bauxita del sur de Francia (Fig. 17).

Figura 17. Depósitos de bauxita en cuevas al sur de Francia.

Al occidente de Cuba, en Pinar del Río, también se conocen yacimientos de bauxita asociados a las depresiones cársticas. Estos residuos insolubles se caracterizan frecuentemente por un color pardo intenso, conocido entre los geólogos con el nombre de "tierra rossa" o tierras rojas. Esta formación se distingue además por su carácter arcilloso o incluso limoso, lo que facilita su acumulación en las partes más profundas de la gruta y en las depresiones del carso en general.

Arqueología, Espeleología y Geología: Posibilidades de colaboración interdisciplinarias.

Estas arcillas pueden contener también elementos del grupo de las Tierras Raras, de lo cual existe evidencia en nuestro País (Valls Álvarez, 1988).

Por último, cabe señalar la presencia de cromo en estas *latosolitas*, término introducido por el Dr. Guillermo Franco en 1970.

Procesos Secundarios

Posterior a la formación del relieve cárstico, pero vinculado íntimamente a este, tienen lugar tres procesos geoquímicos que frecuentemente conllevan a la formación de yacimientos minerales.

Procesos Mecánicos

Durante su arrastre mecánico, los sedimentos pasan a través de un proceso de diferenciación gravimétrica de acuerdo con el peso específico de los minerales que lo componen. Como resultado de esta diferenciación, los minerales más pesados se concentran en la parte inferior de la areola mecánica, en tanto que los minerales petrogénicos o formadores de rocas son lavados por las corrientes pluviales y/o fluviales. Es así como se explotan ricos yacimientos de oro y diamantes en embudos y depresiones cársticas en África.

Desde este punto de vista revisten particular interés el estudio de la acumulación de sedimentos provenientes del cinturón ofiolítico y los macizos serpentiníticos en las partes negativas del relieve cársico. Como es conocido, nuestras serpentinitas contienen cantidades apreciables de oro nativo libre y no está excluida la existencia en las mismas de diamantes, platino, y otros metales importantes (A. Álvarez, comm. Pers., 1990).

Arqueología, Espeleología y Geología: Posibilidades de colaboración interdisciplinarias.

Procesos Químico-Mecánicos

Aquí se tiene en cuenta el relleno de cavidades y depresiones cársicas por las soluciones acuosas y los productos de arrastre mecánico proveniente de capas superiores. De esta manera se forman los yacimientos de caolinita y otras arcillas en los embudos cársicos de Finlandia (Ферсман, 1952).

Un ejemplo de este tipo de proceso químico-mecánico son las "perlas" de fosfato tricálcico descritas por Ángel Graña y Nicasio Viña en la Cueva Atabex en Santiago de Cuba (Graña Gonzalez & Viña, 1975). La formación de dichas perlas se debió a la percolación de agua vadosa ligeramente ácida a través de potentes estratos de guano fósil en la gruta.

Otro ejemplo de este proceso son las acumulaciones de arcillas en la Cueva del Indio, ubicada en el Valle del Yumurí, en Matanzas (de Leuchsering, 1944). Dada la importancia de las arcillas para las industrias locales, es importante determinar su variedad y la estimación de recursos en las grutas.

Procesos Químico-Orgánicos

Aquí se analizan todos los compuestos formados por la acción de organismos vivos los cuales, al morir, liberan cantidades apreciables de ácido fosfórico, flúor, y calcio. A esto se añaden las excretas de los murciélagos, las cuales en ocasiones conforman potentes capas de guano, muy empleadas como mejoradores de suelo. Ejemplo de ellos son las explotaciones a que han sido sometidas durante decenas de años las cavernas del sur de los Alpes Austríacos y las islas del Océano Pacífico.

En Cuba existen grandes reservas de guano de murciélago. Desde la temprana fecha de 1943, se hacía referencia los grandes depósitos de guano que cubrían todo el piso de las Cuevas de Serones y

Arqueología, Espeleología y Geología: Posibilidades de colaboración interdisciplinarias.

Seboruco, *"restándole mucha altura a la gran caverna"* (Jiménez, 1980).

Otro tanto pudiera decirse de las *"inmensas capas de guano de murciélago"* reportadas en la Cueva del Indio en tapaste, La Habana (de Leuchsering, 1944) y de las importantes reservas de guano de Camagüey, estimadas en 43,600 m^3).

En ocasiones, la explotación desmedida del guano provocó la destrucción de la espelunca. Tal fue el caso de la Cueva del Indio de la Sierra de Cubitas, Camagüey, donde se explotó de forma irracional *"el guano de murciélago de sus galerías, además de rocas fosfatadas del suelo de la espelunca"* :137).

Otro aspecto interesante para destacar es que -dado su carácter orgánico- es frecuente encontrar en estos sedimentos contenidos apreciables de ácido nítrico, los cuales provocan la formación de capas aisladas de nitratos. Casos como estos se han registrado en las cuevas del desierto de Atacama en Chule y de Crimea, en Rusia, donde se han encontrado masas fibrosas de nitrato de sodio y potasio (Ферсман, 1952).

En Cuba, en las capas de guano de la segunda cámara de las Cuevas de La Cotilla en La Habana aparecen capas de nitratos las cuales fueron empleadas por nuestros mambises para confeccionar pólvora durante la guerra de liberación contra España (Jiménez, 1980).

Procesos Hidrotermales-Metasomáticos

Pueden provocar cavidades este grupo se asocian las aguas termales las cuales -de acuerdo con su composición- pueden provocar cavidades (sin son ricas en ácido carbónico) o rellenar las grietas preexistentes (si son ricas en soluciones minerales). Especialmente favorables para la deposición son las zonas de intersección de dos o más sistemas de fracturas.

Arqueología, Espeleología y Geología: Posibilidades de colaboración interdisciplinarias.

Entre las composiciones más comunes tenemos contendidos ricos en plomo y zinc. Así se formaron las menas polimetálicas del tipo Mississippi Valley en Missouri, USA (Fig. 18) y las acumulaciones de vanadatos de uranio en Sudáfrica (Lavandero & Martinez, 1990; Ферсман, 1952).

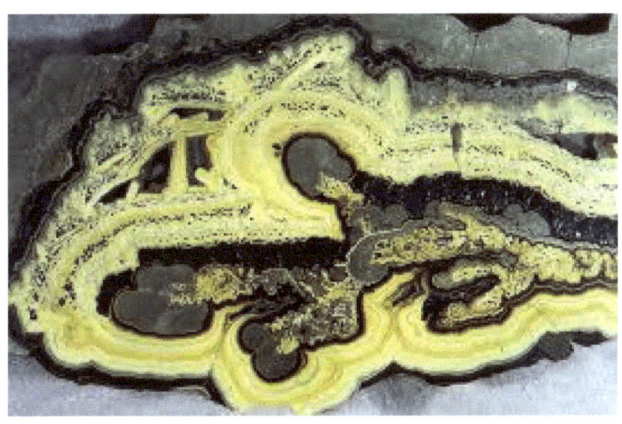

Figura 18. Ejemplo de mineralización polimetálica del tipo Mississippi Valley.

Estos procesos también pueden provocar la formación de barita, estroncianita, witerita, celestina y otros minerales en las paredes de las cuevas, como es el caso de las famosas cuevas de estroncio de Liakany en el Asia Central).

Un último caso, de gran interés para Cuba, son el relleno de las grietas y la substitución del carso por diversas soluciones de níquel y hierro que se infiltran en la cueva. Un ejemplo de este fenómeno son las cuevas de Ufalea en los Urales Centrales, donde el carbonato fue substituido por menas de níquel provenientes de cortezas de intemperismo lateríticas ubicadas en la superficie. Un fenómeno análogo sería posible de descubrir bajo las cortezas de intemperismo niquelíferas de Cuba Oriental.

Arqueología, Espeleología y Geología: Posibilidades de colaboración interdisciplinarias.

Estos son los principales procesos geoquímicos que tienen lugar en las cavernas. Luego de explicar su importancia como mecanismos formadores de yacimientos minerales, pasemos a definir cómo estudiarlos.

Plan de Investigaciones Espelogeoquímicas

El estudio espeleogeoquímico debe ser metódico y objetivo para poder obtener resultados factibles de ser interpretados geológicamente con posterioridad. Sólo una observación detallada nos permitirá obtener resultados satisfactorios (Valls Álvarez & Valls Álvarez, 1990).

Luego de determinar si la depresión observada es natural o artificial, corresponde el turno a las investigaciones mineralógicas, las cuales se deberán dirigir en tres direcciones principales: el techo, las paredes, y el piso.

Es importante establecer, al menos cualitativamente, la profundidad relativa de las muestras entre si con respecto al nivel del mar. En lo que respecta a las determinaciones mineralógicas propiamente dichas, el aficionado puede consultar el trabajo "Espeleomineralogía") o consultar el libro clásico "Mineralogía" (Kraus et al., 1959). Al describir una muestra debe prestarse gran atención al color de estas. En condiciones oxidantes -las más comunes en Cuba- el hierro le da a las muestras tonalidades amarillas, anaranjadas o pardo-ocre; el vanadio- rojas; el cobre- verdes y el níquel- azules. Todo esto, además de servir de criterio geoquímico, contribuye a incrementar la belleza y colorido de nuestras grutas.

El tercer ciclo de observaciones corresponde a las investigaciones geoquímicas propiamente dichas. Al igual que en las investigaciones mineralógicas, es muy importante señalar la profundidad de cada muestra.

Arqueología, Espeleología y Geología: Posibilidades de colaboración interdisciplinarias.

Se muestrearán todos los depósitos terrígeno-arcillosos a partir de los 0.2 m de profundidad, así como fragmentos de la roca, del tamaño aproximado de una naranja, que le parezcan interesantes por su composición mineralógica. El peso de las muestras de suelo oscilará entre los 150 y 200 g. Las muestras se guardan en sacos de tela o papel Kraft debidamente numeradas y se pondrán a secar al Sol.

Antes de comenzar estos muestreos, se deben realizar las coordinaciones necesarias con las Empresas Geológicas de la zona o directamente con los laboratorios para coordinar la cantidad de muestras factibles de ser analizadas. Para los muestreos de suelo en cavernas grandes se pueden espaciar unos 100m, reduciendo a 10m en las galerías más pequeñas. Si la capacidad analítica del laboratorio lo permite, se muestrearán además las galerías secundarias.

Por su parte las muestras litogeoquímicas se tomarán con la misma densidad o la mitad de la densidad de las muestras de suelo. El método de análisis ideal para estas muestras es el multielemental, por ejemplo, el ICP-MS ó ICP-AOS.

También las aguas deberán ser muestreadas. En cada punto se tomarán 2 litros de muestra usando preferiblemente pomos plásticos. El recipiente se deberá enjuagar previamente con la misma agua que se va a muestrear y se debe de llenar hasta el tope. Durante el muestreo se evitará que la misma se contamine con sedimentos. La tapa debe de ser bien sellada, preferiblemente parafinada. Las muestras se deberán analizar en el transcurso de 72 horas.

Al contenido de una botella se le realizará un análisis químico completo para determinar el tipo de agua y a la otra botella se le realizará el análisis multielemental para determinar el contenido de los elementos trazas. Determine, así mismo, la temperatura y el pH de la muestra.

Arqueología, Espeleología y Geología: Posibilidades de colaboración interdisciplinarias.

Recuerde siempre de realizar muestreos análogos en la superficie en los alrededores de la espelunca, los cuales servirán de control y referencia. La ubicación de todas las muestras deberá estar claramente reflejada en un mapa, contando cada una con las coordenadas cartesianas de su posición incluyendo la elevación.

Conclusiones y Recomendaciones

Es indudable la importancia de realizar investigaciones geoquímicas sistemáticas en nuestras espeluncas y así lograr una evaluación integral de las potencialidades mineralógicas de una zona e incrementar el conocimiento geológico de la misma.

En este reporte se analizan y explican los principales procesos espeleogeoquímicos, presentando ejemplos de estos, tanto en Cuba como en otras partes del Mundo. Se añade además un plan de observaciones espeleogeoquímicas.

Se recomienda la aplicación de estas ideas en la complementación de estudios espeleológicos, así como la realización de investigaciones en los conos de deyección de las serpentinitas sobre relieves negativos del carso, así como el estudio de las acumulaciones arcillosas y de nitratos en las grutas.

Por último, considero que deben de vincularse más el trabajo de profesionales y aficionados a la geología y la espeleología, en aras de lograr mejores resultados investigativos.

Arqueología, Espeleología y Geología: Posibilidades de colaboración interdisciplinarias.

Espeleomineralogía

Ricardo A. Valls Álvarez, P. Geo., M. Sc.

DOI: 10.17605/OSF.IO/STE45

Arqueología, Espeleología y Geología: Posibilidades de colaboración interdisciplinarias.

Resumen

En la actualidad, gran parte del trabajo que llevan a cabo las Sociedades Espeleológicas son realizadas por aficionados que no siempre tienen la preparación necesaria para acometer con éxito estudios geológicos-mineralógicos serios en las cuevas que exploran. Este problema es importante sobre todo si se tiene en cuenta que las espeluncas no sólo representan interés turístico o puramente "espeleológico", sino que también estas oquedades permiten al investigador adentrarse algunos metros en la corteza terrestre para el mejor estudio de esta y que, en no pocas ocasiones, son depositarias de acumulaciones importantes de minerales tales como barita, fosforita, caolín, etc., susceptibles de ser aprovechadas en el desarrollo económico de la región.

Este reporte está dirigido principalmente a los espeleólogos aficionados (creo que todos hemos sido eso en algún momento en nuestras vidas). En este se exponen las nociones básicas de mineralogía y de la formación de rocas y minerales. Se explica cómo determinar las principales propiedades físicas de los minerales, las cuales permitirán su identificación posterior mediante el empleo de las tablas del excelente libro Mineralogía (Kraus et al., 1959).

Se detallan además algunas técnicas analíticas cualitativas para la determinación "*in situ*" de las variedades mineralógicas más comunes de los grupos de las arcillas y los carbonatos. Se anexa un listado de los minerales más comunes en Cuba que pueden encontrarse espacial o genéticamente asociados a las formaciones cársicas, así como a los sitios arqueológicos (Valls Álvarez, 2019b) teniendo en cuenta la estrecha vinculación al estudio de las cavernas. Se anexa además un listado de las variedades de cuarzo y de sus características para evitar el erróneo uso de "silex" al hablar de las variedades criptocristalinas de cuarzo. La aplicación sistemática y generalizada de estas técnicas permitirá en breve elevar el grado de

Arqueología, Espeleología y Geología: Posibilidades de colaboración interdisciplinarias.

conocimiento geológico de las espeluncas y mejorar la evaluación de sus potencialidades mineralógicas y económicas en general.

Introducción

El principal objetivo de este reporte es familiarizar al espeleólogo aficionado con una de las disciplinas geológicas más antiguas- la mineralogía. Con este trabajo intento incursionar en esa "tierra de nadie" que son las espeluncas, cuando las analizamos como fuente de información geológica.

Sabido es que los geólogos profesionales casi nunca proyectan trabajos sistemáticos de investigación en las cuevas de las regiones que ellos estudian. Por otra parte, luego de más de 60 años de experiencia, la mayor parte del trabajo que realiza la Sociedad Espeleológica de Cuba, principalmente en las provincias del interior, recae sobre aficionados que no siempre tienen la preparación necesaria para acometer con éxito estudios geólogo-mineralógicos serios o sistemáticos en las cuevas que exploran. Tampoco la arqueología aprovecha los conocimientos que brinda la mineralogía y, salvo honrosas excepciones (Acanda Gonzalez, 1979a, 1979b, 1984; Febles, 1989), las descripciones de las preformas, herramientas e instrumentos líticos en general se limitan al generalizador e incorrecto término de "sílex". Esto provoca la pérdida de una valiosa y muy diversa información que en otros casos ha permitido sospechar la existencia de un proceso de "selección mineralógica" por parte de nuestros aborígenes durante la confección de sus instrumentos (Acanda Gonzalez, 1987).

Otro aspecto interesante es el hecho de que en algunas ocasiones, las espeluncas sirven de depósitos naturales de minerales útiles, factibles de ser aprovechados -al menos por las industrias locales- para el apoyo de la economía y como nuevas fuentes de materias

Arqueología, Espeleología y Geología: Posibilidades de colaboración interdisciplinarias.

primas (Jiménez, 1980; Labrada Rodriguez & Marrero Basulto, 1970; Valls Alvarez, 1990).

De todo lo anterior se desprende la necesidad e importancia de dominar los principios elementales de esta rama de la Geología por todos aquellos -profesionales o aficionados- que tienen la feliz oportunidad de adentrarse algunos metros en la corteza terrestre y revelar los secretos que allí se ocultan.

Mineralogía: Nociones Básicas

Generalidades

Existen en la actualidad más de 39 definiciones de mineral y más de 49 de lo que es una roca (Воронин, 1967). En todas ellas, con mayor o menor énfasis, se explican que los minerales son productos naturales (o sea que las síntesis artificiales no clasifican como minerales) y se les denomina por su composición química. Otra característica común a todos los minerales es que presentan una composición química estable en determinados rangos y una estructura cristalina generalmente bien definida. Se puede, por lo tanto, definir un mineral como *"una sustancia que aparece en la Naturaleza con una composición química característica y una estructura cristalina generalmente definida que a veces se expresa en forma o contornos externos geométricos"* (Kraus et al., 1959).

En cuanto a las rocas, se tratan también de productos naturales compuestos por uno o más minerales y que por su origen se agrupan en "ígneas", "sedimentarias" y "metamórficas". Una roca (Hatch & Wells, 1961) es *"un agregado mineral, compuesto por uno o más minerales, el cual puede ser amorfo o cristalino"*. Mi definición personal es que los minerales son las "letras" que componen las "palabras" (rocas) que nos permiten entender el complejo lenguaje de la Naturaleza y las peculiaridades de los procesos geológicos.

Arqueología, Espeleología y Geología: Posibilidades de colaboración interdisciplinarias.

Formación de Minerales y Rocas

Las fuentes principales de formación de los minerales y sus agregados (rocas) son los procesos geológicos que continuamente se producen en diversas partes de la litosfera y que -en ocasiones- presentan un carácter casi cíclico, pero siempre muy interrelacionados (Fig. 19).

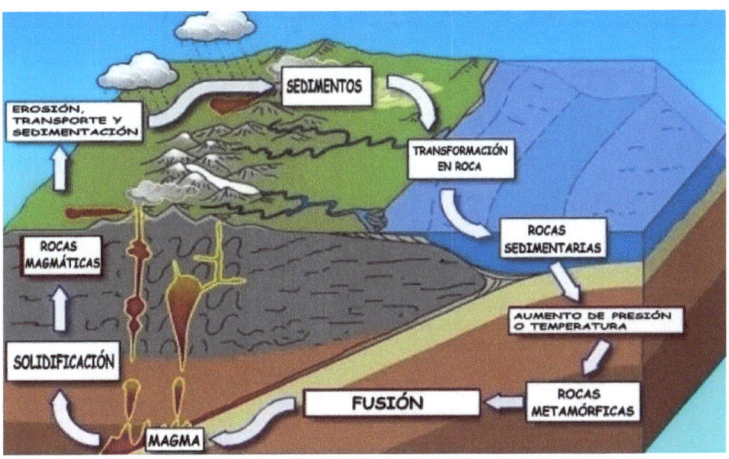

Figura 19. Ciclo de formación de las rocas (cortesía de https://buff.ly/2nmr2rd).

Durante los procesos magmáticos -ya sean intrusivos o extrusivos- productos de la cristalización y la diferenciación magmática, se forman numerosos minerales y rocas. Estas, al ser posteriormente erosionadas y depositadas en las cuencas oceánicas o lacustres, darán origen a las rocas sedimentarias, las cuales, a su vez, al ser sometidas a altas presiones y/o temperaturas pueden transformarse en rocas metamórficas. También las rocas ígneas, e incluso las metamórficas, pueden ser metamorfoseadas en las condiciones adecuadas de presión y temperatura.

Por otra parte, la acción de los componentes volátiles y del agua - también asociados a los procesos magmáticos- conllevan a la

Arqueología, Espeleología y Geología: Posibilidades de colaboración interdisciplinarias.

formación de pegmatitas y otras rocas metasomáticas e hidrotermales.

Estos procesos son una de las fuentes más importantes de formación de yacimientos minerales, rellenando las cavidades de la corteza terrestre con valiosos minerales de importancia industrial.

Propiedades Físicas

Una gran cantidad de minerales pueden ser identificadas sólo a partir de sus propiedades físicas. En ocasiones, por ejemplo al tratar de determinar las distintas variedades de un mismo mineral, la única pista a nuestro alcance son las variaciones del color, estructura, etc. De ahí la importancia de las propiedades físicas y la necesidad de su correcta determinación.

Entre las propiedades físicas que permiten la identificación de los minerales tenemos las siguientes[2]:

Brillo. Es la apariencia de la superficie de un mineral a la luz reflejada y se divide en dos grupos, los minerales con brillo metálicos y los de brillo no metálico. Entre estos últimos se diferencian las siguientes variedades: vítreo, graso, nacarado, y mate o ausencia de brillo.

Color. Entre los minerales con brillo metálico se definen los siguientes grupos de colores:

I. Gris oscuro o negro.

II. Blanco metálico o gris claro.

---

[2] Todas estas definiciones están tomadas del libro Mineralogía (Kraus et al., 1959) y se pueden estudiar en mayor detalle en las páginas 95-114. Las presentes definiciones están "adaptadas" por mi para garantizar un mejor uso de la Tabla de Determinación de Minerales del propio libro en las páginas 475-643.

Arqueología, Espeleología y Geología: Posibilidades de colaboración interdisciplinarias.

III. Amarillo.

IV. Latón, bronce o rojo-cobre.

V. Rojo pardo o azul.

Entre los minerales con brillo no metálicos se distinguen los siguientes grupos:

I. Gris oscuro o negro.

II. Rosa, rojo, rojo-pardo o rojo-violeta.

III. Verde, azul, o azul-violeta.

IV. Amarillo o pardo.

V. Incoloro, blanco o gris claro.

Rayas. La raya es el color del polvo fino de un mineral. Este color presenta la ventaja de permanecer constante, aunque varíe el color del mineral, de ahí que sea una de las propiedades físicas más importantes para la determinación de los minerales.

La raya se obtiene frotando el mineral sobre una superficie de porcelana blanca y sin brillo (Fig. 10). De esta forma se puede determinar el color de la raya de cualquier mineral de dureza inferior a 6.5 (*vid infra* dureza). Los minerales de mayor dureza tienen por lo general rayas incoloras, blancas o gris claras.

Figura 20. Ejemplo de la raya de la galena
(https://buff.ly/2LOOkiI).

Arqueología, Espeleología y Geología: Posibilidades de colaboración interdisciplinarias.

Para cada tipo de brillo, se definen dos grupos de colores:
1. Brillo metálico.
    a. Negra.
    b. Otros colores: blanca, gris, verde, roja, parda, o amarilla.
2. Brillo no metálico.
    a. Incolora, blanca o gris clara.
    b. Otros colores: verde, roja, parda, amarilla, azul o negra.

Dureza. La resistencia que ofrece un mineral al ser rayado se denomina dureza. La escala de dureza más conocida es la escala relativa de Mohs (Fig. 21), la cual cuenta con 10 minerales y se basa en el principio de que el mineral de mayor dureza rayará al más blando. Debe tenerse cuidado de no confundir el rayado con la huella de la raya la cual aparece si el mineral investigado posee una dureza superior al que se emplea para rayar. La huella de la raya se elimina fácilmente frotando el rasguño con el dedo.

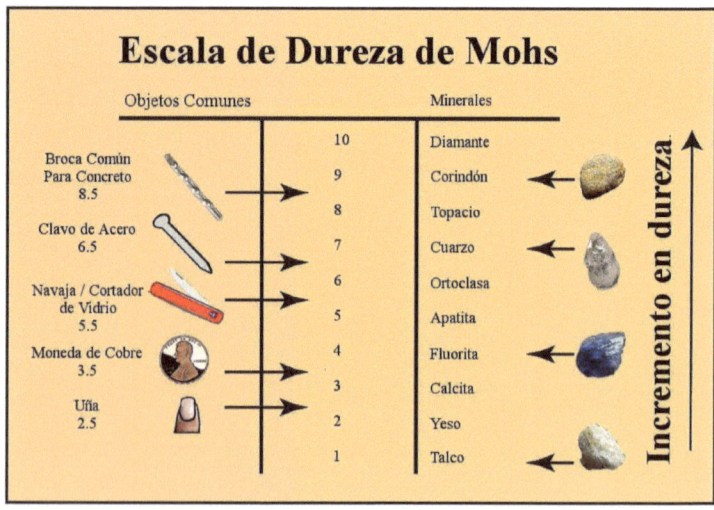

Figura 21. Escala de dureza relativa de Mohs (https://buff.ly/2ALPBRn).

Arqueología, Espeleología y Geología: Posibilidades de colaboración interdisciplinarias.

Para la precisa determinación de la dureza, existen los lápices y ruedas de dureza (Fig. 12), pero tanto estos como la completa colección de los 10 minerales componentes de la tabla de Mohs generalmente están fuera del alcance del investigador de campo. Otro tanto sucede con equipos de laboratorio para la determinación exacta de la micro dureza (Fig. 13).

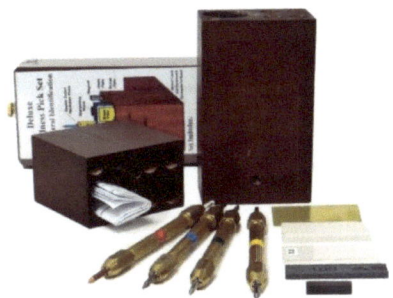

Figura 22. Set de lápices de dureza (https://buff.ly/2AQyH3S).

Figura 23. Determinación de la micro dureza de un mineral en condiciones de laboratorio (https://buff.ly/2AOXg1q).

Arqueología, Espeleología y Geología: Posibilidades de colaboración interdisciplinarias.

No obstante, para la determinación de la dureza relativa podemos usar simples objetos como una moneda de cobre, un cristal, incluso nuestras uñas, tal como se mostró en la Fig. 11.

Para los efectos de la tabla de determinación de minerales, las durezas se agrupan en:

I. De 1 a 3 (uña a cobre).

II. De 3 a 6 (cobre a vidrio).

III. Mayores de 6 (porcelana o un bisturí).

Otras Propiedades Físicas

Transparencia. Aquellos minerales que permitan ver a través de ellos con relativa facilidad son denominados transparentes. Aquellos que lo permiten sólo en los bordes o en secciones muy finas se denominan traslúcidos. Por último, aquellos que no permiten el paso de la luz se denominan opacos.

Exfoliación. También se conoce con el nombre de clivaje y consiste en la propiedad que tienen algunos minerales de separarse a lo largo de planos definidos al ser golpeados, formando de esta forma figuras geométricas fácilmente identificables (Fig. 22). Esta propiedad se presenta con mayor frecuencia en cristales.

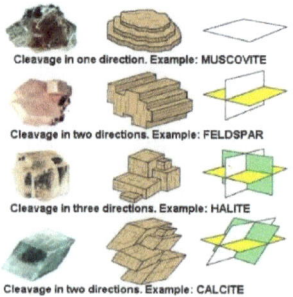

Figura 24. Ejemplos de clivaje en una, dos, y tres direcciones (https://buff.ly/2oSDijF).

Arqueología, Espeleología y Geología: Posibilidades de colaboración interdisciplinarias.

Fractura. Los minerales amorfos y aquellos que no presentan exfoliaciones claras, presentan en cambio superficies de fractura fácilmente identificables como concoidea (Fig. 25), a tajo, y terrosa.

Figura 25. Ejemplo de fractura concoidea (https://buff.ly/3OObJF9).

Tenacidad. Se define como la resistencia de un mineral a ser golpeado o cortado y no debe de confundirse nunca con su dureza con la cual, generalmente, es inversamente proporcional. Por ejemplo, el mineral más duro conocido, el diamante, es muy frágil. Se distinguen minerales frágiles (cuarzo), sectiles (yeso), maleables (cobre), dúctiles (plata), flexibles (talco) y elásticos (mica).

Magnetismo. Algunos minerales son magnéticos en su estado natural (magnetita), otros se vuelven magnéticos al ser calentados (ilmenita). La mejor forma para determinar si un mineral es magnético es con un lápiz magnético (Fig. 26) o acercándolo a una brújula sencilla y observando si afecta o no la aguja magnética de la misma.

Arqueología, Espeleología y Geología: Posibilidades de colaboración interdisciplinarias.

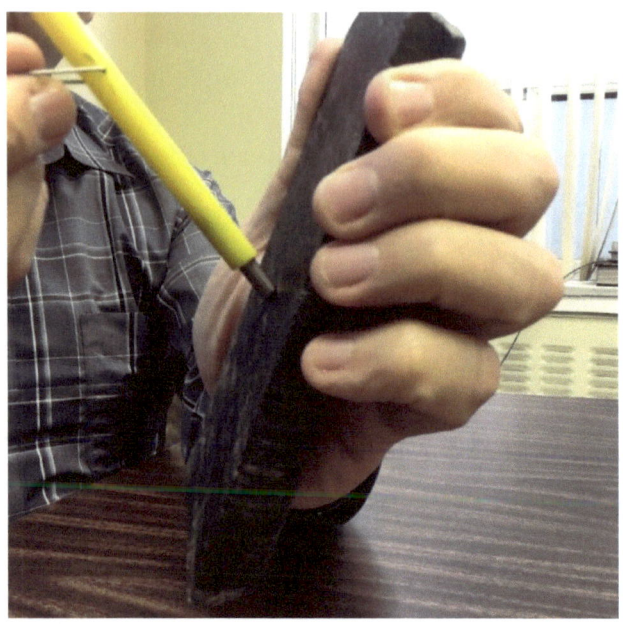

Figura 26. Determinando la presencia de minerales magnéticos en una muestra.

Peso específico. Es una propiedad constante de los minerales y se determina como la relación entre su masa con respeto a su volumen (g/cm^3). La principal dificultad en su aplicación consiste en que raras veces los minerales se encuentran en macro fracciones puras que permiten la exacta determinación de su peso específico.

Cómo utilizar las tablas para la determinación de minerales.

Tal como se explicó anteriormente, para la determinación de minerales se recomienda el uso de las tablas que aparecen en el libro Mineralogía (Kraus et al., 1959). Una vez determinadas las propiedades físicas de nuestro mineral "X", se consulta la tabla de clasificación general y claves analíticas (pp. 476-477) ubicando la página donde se encuentran los minerales con características físicas semejantes al mineral "X" analizado. Ya dentro de este grupo, la identificación final se realizará a partir de las propiedades físicas

Arqueología, Espeleología y Geología: Posibilidades de colaboración interdisciplinarias.

auxiliares. Por último, en el caso poco frecuente de la existencia de dos o más minerales con propiedades físicas muy similares, la identificación final se realizará comprobando la presencia de determinados elementos en la composición química de los posibles minerales. El capítulo 15 del libro de Kraus ya citado ofrece un amplio grupo de técnicas para la determinación cualitativa de los principales cationes y aniones. El interesado puede también consultar mi libro "Geoquímica Express de Bolsillo" (Valls Álvarez, 2019a) (https://buff.ly/2ANPchu).

Antes de finalizar, y teniendo en cuenta que los minerales más abundantes en nuestras espeluncas pertenecen al grupo de los carbonatos y arcillas, ofrezco algunas técnicas analíticas cualitativas sencillas que le permitirán la identificación de las principales variedades mineralógicas de estos grupos.

El Estudio de los Carbonatos y Arcillas

A continuación, les presento un grupo de técnicas para el estudio directo en el campo de las principales variedades mineralógicas de los carbonatos y las arcillas. El autor asume que usted conoce las normas de seguridad para el tratamiento de sustancias químicas corrosivas. En caso contrario, no intente manejar estos productos.

Para el estudio de los carbonatos se necesita ácido clorhídrico diluido (1:20), ferrocianuro de potasio, alizarina, nitrato de cobalto, fosfato ácido de sodio, ácido nítrico, hidróxido amónico, oxalato amónico, ácido sulfúrico, nitrato de cobre, cloruro de mercurio y tinta de estilográfica de color violeta (Исаенко, Афанасьева, & Боришанская, 1986).

Arqueología, Espeleología y Geología: Posibilidades de colaboración interdisciplinarias.

Carbonatos- reacción con el ácido clorhídrico diluido y frío[3].

Tabla 2. Estudio de los carbonatos.

Grupo	Reacción	Minerales
I	Fuerte reacción con hervor	Calcita (315), aragonito (322), witerita (177), estroncianita (323), malaquita (325) y azurita (326)
II	Reacción lenta	Ankerita (319), smithsonita (320) y rodocrosita (321)
III	Reacción muy lenta con la muestra pulverizada	Cerusita (325) y dolomita (319)
IV	No reacciona, ni aún con la muestra pulverizada	Siderita (321) y magnesita (320)

Coloración con ácido clorhídrico, alizarina y ferrocianuro de potasio

El mejor efecto de esta prueba se obtiene sobre secciones pulidas. Someta la superficie a la mezcla de estos reactivos por 30 a 45 segundos. Enjuague la muestra bajo un fuerte chorro de agua, pero sin frotarlo. Los posibles resultados son:

Calcita (315)- color rojo-rosado brillante.

---

[3] Los números que acompañan entre paréntesis a los minerales corresponden a las páginas del libro Mineralogía donde se encuentra la descripción detallada de cada mineral discutido.

Arqueología, Espeleología y Geología: Posibilidades de colaboración interdisciplinarias.

Manganocalcita (316)- color rosado pálido.

Calcitas férricas o ferrosas (316)- color violeta pálido.

Dolomita (319), siderita (321) y rodocrosita (321)- no se colorean incluso con exposiciones de 6 a 8 minutos con el reactivo.

Otras determinaciones

1. Prueba del nitrato de cobalto

Hierva la muestra en una solución concentrada[4] de nitrato de cobalto durante 5 a 6 minutos. Los posibles resultados son:

Aragonito (322)- color violeta.

Calcita (315)- incolora o toma una tonalidad muy pálida de color rosa o azul.

Witerita (177) y estroncianita (323)- Adquiere una tonalidad violeta.

2. Prueba de la tinta.

Sobre un vidrio de reloj deposite de 2 a 3 gotas de tinta violeta y añada ácido clorhídrico diluido (1:20) gota a gota hasta que la tinta tome un color verde oscuro. Moje la superficie pulida de la muestra con esta solución. Los posibles resultados son:

Calcita (315) y aragonito (322)- devuelven el color violeta a la tinta en 10 – 30 segundos y se colorean de violeta.

Otros carbonatos no reaccionan en tan corto tiempo.

---

[4] La concentración ha de ser tal que luego de ser hervida la solución mantenga su color rojo-rosado.

Arqueología, Espeleología y Geología: Posibilidades de colaboración interdisciplinarias.

3. Prueba de los carbonatos férricos y ferrosos (316).
Prepare una solución de ácido clorhídrico diluido (1:20) con ferrocianuro de potasio al 1% a partes iguales. Moje la superficie pulida de la muestra con esta solución. Los posibles resultados son:

Ankerita (319) y dolomita férrica (319)- la superficie se torna azul en el transcurso del primer minuto.

Branerita (carbonatos hierro-magnesianos[5] típicos de depósitos metasomáticos)- adquiere un color azul celeste a los 3 – 5 minutos.

Siderita (321)- adquiere un color azul verdoso a los 10 – 12 minutos.

4. Determinación de la magnesita (320).
Disuelva la muestra en una solución de ácido clorhídrico diluido (1:20) con algunas gotas de ácido nítrico y alcalinice con hidróxido de amonio. Si existe Fe, Al o Cr en la muestra, se formará un precipitado. Filtre y añada oxalato amónico. Esto provocará la precipitación del Ca, Ba y Sr. Filtre nuevamente y añada el fosfato ácido de sodio (Na_2HPO_4). Si existe magnesio en la muestra se producirá un precipitado blanco y cristalino que aparece al agitar la solución y dejarla en reposo por un tiempo.

5. Determinación de la Cerusita (325).
Disuelva la muestra en ácido nítrico y añada unas gotas de ácido sulfúrico. La presencia de plomo queda demostrada por la aparición de un precipitado blanco e insoluble de sulfato de plomo. La cerusita es, además, fluorescente.

---

[5] https://buff.ly/2VkUN85

Arqueología, Espeleología y Geología: Posibilidades de colaboración interdisciplinarias.

Figura 27. Ejemplo de cerusita fluorescente (https://buff.ly/2niXtGO).

6. Determinación de la Smithsonita (320).
Someta la superficie del mineral durante dos minutos a una solución de nitrato de cobre y ácido clorhídrico concentrado (1:1). Luego, sobre el área afectada, añada una solución de cloruro de mercurio y tiocianato de potasio (KCNS). La formación de un precipitado de color lila indicará la presencia de zinc.

Estudio de las Arcillas

Para el estudio de las arcillas sólo necesitamos ácido clorhídrico diluido (1:20) y azul de metileno (Вассоевич, Либрович, & Логвиненко, 1983). Tome 0.5 gramos de la arcilla en un Erlenmeyer con agua destilada. Agite y mezcle bien con un tubito de cristal. Deje reposar la solución durante 15 a 20 minutos y añada el azul de metileno. Los posibles resultados son:

Montmorillonita (387)- color lila oscuro muy intenso.

Caolinita (387)- color violeta.

Arqueología, Espeleología y Geología: Posibilidades de colaboración interdisciplinarias.

Monotermita (^{6})- color verde grisáceo.

Moscovita (383)- no se colorea.

Las arcillas tomadas de zonas tectónicas se colorearán más rápidamente que las de otros orígenes.

Si se añade el ácido clorhídrico diluido (1:20) a la solución anterior, la presencia de micas hidratadas se revela por el color celeste de la solución (si son muy abundantes), azul (si no son muy abundantes) o azul-violeta (si hay pocas). Por su parte, la montmorillonita no cambiará de color.

---

[6] Esta variedad no aparece en el libro Mineralogía.

Arqueología, Espeleología y Geología: Posibilidades de colaboración interdisciplinarias.

Conclusiones y Recomendaciones

En el presente reporte se llama la atención a la importancia de hacer estudios mineralógicos serios y sistemáticos en nuestras espeluncas y accidentes cársicos. Se introducen nociones generales acerca de la formación de rocas y minerales y se detalla el estudio de las propiedades físicas de los minerales con vista a su posterior identificación usando las tablas de clasificación propuestas en el libro Mineralogía (Kraus et al., 1959).

Se presentan además algunas técnicas analíticas cualitativas para la determinación en el campo de la calcita, manganocalcita, carbonatos férricos y ferrosos, ankerita, dolomita, siderita, rodocrosita, aragonito, witerita, estroncianita, magnesita, cerusita, smithsonita, malaquita y azurita dentro del grupo de los carbonatos, así como de la montmorillonita, caolinita, monotermita, sericita, moscovita y micas hidratadas dentro del grupo de las arcillas.

Se anexa también un listado de los minerales muy comunes, agrupados de acuerdo con el sistema de clasificación de los minerales de James Dwight Dana[7], así como otro anexo con las variedades más comunes de cuarzo para evitar el uso incorrecto del término "sílex" por los arqueólogos. Se recomienda abandonar el uso de dicho término pues a pesar de ser internacionalmente reconocido, el mismo sólo representa una de las tantas variedades de cuarzo criptocristalino y no es -al menos en Cuba- la variedad más abundante.

---

[7] https://buff.ly/2olypzp

Arqueología, Espeleología y Geología: Posibilidades de colaboración interdisciplinarias.

Se recomienda por último introducir las descripciones mineralógicas en las actividades de aquellos que -de forma profesional o aficionada- se dediquen al estudio de las espeluncas.

Arqueología, Espeleología y Geología: Posibilidades de colaboración interdisciplinarias.

Referencias

Acanda Gonzalez, O. V. (1979a). Descripción mineralógica de los materiales del sitio Canimar I, matanzas, Cuba. *III Forum Del Instituo de Ciencias Sociales de La A.C.C.* La Habana: IDICT.

Acanda Gonzalez, O. V. (1979b). Informe preliminar geólogo-mineraklógico sobre la situación del silex arqueológico de Seboruco, región de Mayarí, Holguín, Cuba. *III Forum Del Instituo de Ciencias Sociales de La A.C.C.* La Habana: IDICT.

Acanda Gonzalez, O. V. (1984). Determinación de la frecuencia mineralógica de las especies, sub-especies y variedades en el silex arqueológico del sitio Arroyo del palo. *V Jornada de Arqueología "Cuba 84."* Baracoa, Guantánamo.

Acanda Gonzalez, O. V. (1987). La selección de variedades mineralógicas en la industria del sitio arqueológico El Convento, Cienfuegos, Cuba. *Primer Simposium de Espeleología y Arqueología de La Zona Central de Cuba.* Caibarien, Sancti Spiritus.

Acevedo Gonzalez, J. M., & Gutierrez Domech, M. R. (1975). Nuevos reportes sobre manifestaciones pseudo-cársicas en rocas no carbonatadas. *Simposium XXXV Aniversario de La S.E.C.* Isla de la Juventud.

Arredondo, O. (1950). *Fósiles hallados por la S.E.C.*

Bondarenko, V. N. (1970). *Statistical Solution of Certain Geological Problems*. Moscow.

de Jesús, V. (1989). El cementerio de la cueva olvidada. *Girón*, pp. 4–5.

de Leuchsering, E. R. (1944). La sociedad espeleológica de Cuba. *Papeles*, 29–34. La Habana.

Arqueología, Espeleología y Geología: Posibilidades de colaboración interdisciplinarias.

Fagundo Castillo, J. R., & Valdes Ramos, J. J. (1972). Sobre la ocurrencia de estalactitas excéntricas de aragonito en la Cueva Perfecto (Pinar del Río). *Simposium XXXII Aniversaro de Ls S.E.C.* La habana.

Febles, J. (1989). *Manual para el estudio de la piedra tallada de los aborígenes de Cuba*. La Habana: Academia.

Franco, G. (1970). Discusión somera sobre las "rocas rojas." *Simposium XXX Aniversario de La S.E.C.* La Habana.

Graña Gonzalez, A. (1973). Breves notas sobre el hayazgo de "flores de yeso" (maclas) en las cuevas de Cuba. *VI Congreso Internacional de Espeleología.* Olomic, Checoslovaquia.

Graña Gonzalez, A., & Viña, N. (1975). Fosfatación de la caliza. *Simposium XXXV Aniversario de La S.E.C.* Isla de la Juventud.

Guarch Delmonte, J. M. (1988). *Curso sobre arqueología*. La Habana.

Hatch, F., & Wells, A. (1961). *The petrology of the igneous rocks.* Retrieved from http://www.sidalc.net/cgi-bin/wxis.exe/?IsisScript=UACHBC.xis&method=post&formato=2&cantidad=1&expresion=mfn=017235

Jiménez, N. (1967). *Clasificación genética de las cuevas de Cuba* (Academia, Ed.). La Habana.

Jiménez, N. (1980). *40 años explorando a Cuba: historia documentada de la S.E.C.* La Habana: Científico-Técnica y Academia.

Kashdan, A. B., Guskov, O. I., & Chimanskii, A. A. (1979). *Mathematical modelling in geology and exploration work.* Retrieved from https://www.facebook.com/sharer.php?src=sp&u=http%3A%2F%2Fwww.studmed.ru%2Fkazhdan-ab-guskov-oi-shimanskiy-aa-matematicheskoe-modelirovanie-v-geologii-i-razvedke-poleznyh-

Arqueología, Espeleología y Geología: Posibilidades de colaboración interdisciplinarias.

iskopaemyh_85641dddb3f.html&t=Каждан А.Б.%2C Гуськов О.И.%2C Шиманский А.А Математич

Kraus, E., Hunt, W., & Ramsduell, L. (1959). *Mineralogy*. Retrieved from http://14.139.56.90/handle/1/2045660

Labrada Rodriguez, E. (1975). Formaciones de yeso tipo Punta Alegre. *Simposium XXXV Aniversario de La S.E.C.* Isla de la Juventud.

Labrada Rodriguez, E., & Marrero Basulto, J. (1970). Posibilidades de guano de murciélago en las cuevas de la Provincia de Camaguey. *Simposium XXX Aniversario de La S.E.C.* La Habana.

Lavandero, R. M., & Martinez, J. (1990). El carso y su relación con los yacimientos minerales sólidos en la isla de Cuba. *Congreso Internacional 50 Aniversario de La S.E.C.* La Habana.

Martín, J. A. (1989). Cueva Calero, Matanzas; mensajes desde un sepulcro aborígen. *Granma*, p. 3.

Mayo, N. A. (1970). Historia de los hallasgos paleontólogicos de la S.E.C. *Simposium XXX Aniversario de La S.E.C.* La Habana.

Pavlinov, V. N. (Valentin N., & Sokolovskiĭ, A. K. (Anatoliĭ K. (1990). *Strukturnaia geologiia i geologicheskoe kartirovanie s osnovami geotektoniki : osnovy obshcheĭ geotektoniki i metody geologicheskogo kartirovaniia*. Retrieved from http://www.geokniga.org/books/82

Roque García, C. (1989). ¿Dónde y cómo vinieron?; los primeros habitantes de la provincia. *Girón*, p. 3.

Trincado, M. N., Castellanos, N., & Sosa Montalvo, G. (1973). *Arqueología de Sardinero*.

Valls Alvarez, R. A. (1990). Espeleogeoquímica. *Congreso Internacional 50 Aniversario de La SCG.* La Habana.

Arqueología, Espeleología y Geología: Posibilidades de colaboración interdisciplinarias.

Valls Álvarez, R. A. (1988). Trabajos metodológicos experimentales. In *P.T.E. Levantamiento Geológico 1:50 000 Norte Las Villas III y sus búsquedas acompañantes*. La Habana: Centro Nacional del Fondo Geológico.

Valls Álvarez, R. A. (1989). Técnicas de muestreo estadísticos en la geoquímica. *I Jornada Científico Técnica de La Filial Matanzas de La Sociedad Cubana de Geología*. Varadero: E.P.E.P.

Valls Álvarez, R. A. (1990). Espeleomineralogía: una introducción al estudio de las potencialidades mineralógicas de las espeluncas. *50 Aniversario de La S.E.C.*, 90. La Habana.

Valls Álvarez, R. A. (2019a). *Geoquímica express de bolsillo*. 20. https://doi.org/10.31219/OSF.IO/3WD95

Valls Álvarez, R. A. (2019b). *La Arqueología Como Criterio de Búsqueda de Yacimientos y manifestaciones de Minerales Útiles*. https://doi.org/10.31219/osf.io/42xt3

Valls Álvarez, R. A., & Valls Álvarez, L. V. (1990). La correcta observación de los fenómenos geológicos: como lograrla. *50 Aniversario de La S.E.C.*, 92. La Habana.

Вассоевич, Н., Либрович, В., & Логвиненко, Н. (1983). *Справочник по литологии*.

Воронин, Ю. (1967). *Геология и математика: Методологические, теоретические и организационные вопросы геологии, связанные с применением математических*.

Исаенко, М., Афанасьева, Е., & Боришанская, С. (1986). Определитель главнейших минералов руд в отраженном свете. In *geokniga.org*. Retrieved from http://www.geokniga.org/books/1758

Ферсман, А. Е. (1952). *Геохимия пещер*. Moscow: Природа.

Arqueología, Espeleología y Geología: Posibilidades de colaboración interdisciplinarias.

Anexo 1. Listado de los minerales más frecuentes, agrupados de acuerdo con la clasificación de minerales de James D. Dana.

Elementos Nativos		
Oro	Au	249
Plata	Ag	251
Cobre	Cu	252
Sulfuros y sulfominerales		
Galena	PbS	269
Esfalerita (Blenda)	ZnS	270
Calcopirita	$CuFeS_2$	272
Pirita	FeS_2	276
Arsenopirita	FeAsS	279
Molibdenita	MoS_2	279

Arqueología, Espeleología y Geología: Posibilidades de colaboración interdisciplinarias.

Tetraedrita	$M_{12}R_4S_{13}$[8]	281
Óxidos y óxidos hidratados		
Cuarzo	SiO_2	284
Ilmenita	$FeTiO_4$	294
Cromita	$Fe(Cr,Fe)_2O_4$	297
Goetita-limonita	$HFeO_2$	305
Haluros		
Halita	$NaCl$	309
Carbonatos		
Calcita	$CaCO_3$	315
Dolomita	$CaMg(CO_3)_2$	319
Magnesita	$MgCO_3$	320
Aragonito	$CaCO_3$	322
Malaquita	$Cu_2(OH)_2CO_3$	325
Azurita	$Cu_3(OH)_2(CO_3)_2$	326
Sulfatos		
Barita	$BaSO_4$	329
Yeso	$CaSO_4.2H_2O$	333
Fosfatos		
Apatito	$Ca_5F(PO_4)_3$	340

---

[8] M- Cu, Pb, Ag, Hg, Fe, Zn; R- Sb, As

Arqueología, Espeleología y Geología: Posibilidades de colaboración interdisciplinarias.

Silicatos

Olivino	$(Mg,Fe)_2SiO_4$	351
Granate	$M_3N_2(SiO_4)_3$ [9]	351
Zircón	$ZrSiO_4$	354
Titanita (Esfena)	$CaTiOSiO_4$	361
Epidota	$Ca_2(Al,Fe)_3O(OH)SiO_4Si_2O_7$	363
Hornblenda	$Ca_2(Mg,Fe)_5(OH)_2(Al,Si)_8O_{22}$	378
Talco	$Mg_3(OH)_2Si_4O_{10}$	381
Moscovita	$KAl_2(OH,F)_2AlSi_3O_{10}$	383
Flogopita	$KMg_3(F,OH)_2AlSi_3O_{10}$	384
Biotita	$K(Mg,Fe)_3(OH,F)_2AlSi_3O_{10}$	385
Caolinita	$Al_4(OH)_8Si_4O_{10}$	386
Serpentinita	$Mg_6(OH)_8Si_4O_{10}$	388
Ortosa	$KAlSi_3O_8$	391
Microclina	$KAlSi_3O_8$	393
Chabasita	$CaAl_2Si_4O_{12}.6H_2O$	405

---

[9] M- Ca, Mg, Mn, Fe^{2+}; N- Al, Cr, Fe^{3+}

Arqueología, Espeleología y Geología: Posibilidades de colaboración interdisciplinarias.

Arqueología, Espeleología y Geología: Posibilidades de colaboración interdisciplinarias.

Anexo 2. Variedades más comunes de cuarzo

El cuarzo es el mineral más abundante en la corteza terrestre. Su fractura característica es la concoidea, su dureza es 7 en la escala de Mohs, su peso específico es 2.65 g/cm^3, su brillo es vítreo y puede ser desde transparente hasta opaco, con una gran variedad de colores, predominando el incoloro o blanco. Su raya es blanca y tiene propiedades piezoeléctricas y piroeléctricas que lo hacen muy útil en la industria óptica y electrónica. Su formula química es muy simple, SiO$_2$, no es atacable por los ácidos a excepción del hidróxido de potasio y aún así lo hace muy lentamente y se presenta en tres grupos.

Variedades cristalinas.

Cristal de roca – cuarzo incoloro, frecuentemente en excelentes cristales en forma de prisma hexagonal terminado en caras de un romboedro (Fig. 28).

Figura 28. Ejemplo de cristal de roca (https://buff.ly/2ItqCGE).

Arqueología, Espeleología y Geología: Posibilidades de colaboración interdisciplinarias.

Amatista – cuarzo con diferentes matices de púrpura o violeta (Fig. 29).

Figura 29. Ejemplo de amatista (https://buff.ly/31TDzBc).

Cuarzo rosa – normalmente masivo, de color rosa tirando a rojo que palidece a la luz directa del Sol (Fig. 30).

Figura 30. Ejemplo de cuarzo rosa (https://buff.ly/31NwClj).

Arqueología, Espeleología y Geología: Posibilidades de colaboración interdisciplinarias.

Cuarzo ahumado – de color amarillo ahumado a pardo negruzco (Fig. 31).

Figura 31. Ejemplo de cuarzo ahumado (https://buff.ly/2LPYuj2).

Cuarzo lechoso – de color blanco leche, traslúcido a casi opaco, a veces con brillo graso (Fig. 32).

Figura 32. Ejemplo de cuarzo lechoso (https://buff.ly/2Vnojdt).

Arqueología, Espeleología y Geología: Posibilidades de colaboración interdisciplinarias.

Citrino – cuarzo de color amarillo, pardo amarillo o pardo rojizo (Fig. 33).

Figura 33. Ejemplo de citrino (https://buff.ly/2p0UoLW).

Venturina – Cuarzo con escamas brillantes de mica o hematita (Fig. 34).

Figura 34. Ejemplo de venturina (https://buff.ly/2oYAEZo).

Arqueología, Espeleología y Geología: Posibilidades de colaboración interdisciplinarias.

Cuarcitas férricas – cuarzo pardo a rojo (Fig. 35).

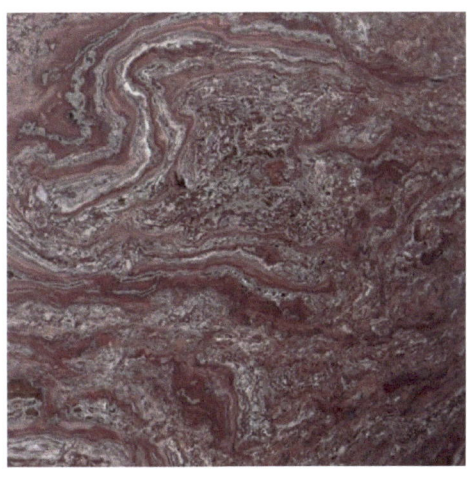

Figura 35. Ejemplo de cuarcitas férricas (https://buff.ly/2pR0PBV).

Cuarzo rutilado – cuarzo con finas agujas de rutilo (Fig. 36).

Figura 36. Ejemplo de cuarzo rutilado (https://buff.ly/2VoIRSX).

Arqueología, Espeleología y Geología: Posibilidades de colaboración interdisciplinarias.

Ojo de gato – variedad grisácea o parduzca de cuarzo con opalescencia (Fig. 37).

Figura 37. Ejemplo de cuarzo ojo de gato (https://buff.ly/30NPn6N).

Ojo de tigre – cuarzo pardo amarillento con fuerte brillo tornasolado (Fig. 38).

Figura 38. Ejemplo de cuarzo ojo de tigre (https://buff.ly/31SKta2).

Arqueología, Espeleología y Geología: Posibilidades de colaboración interdisciplinarias.

Variedades Criptocristalinas

Grupo de las calcedonias

Calcedonia – variedad transparente a traslúcida, de brillo céreo, a veces estalactítica, botroidal, en concreciones y revestimientos de grietas. Color blanco, grisáceo, pardo, azul o negro (Fig. 39).

Figura 39. Ejemplo de calcedonia (https://buff.ly/2IqPNcW).

Arqueología, Espeleología y Geología: Posibilidades de colaboración interdisciplinarias.

Carniola – llamada también "sardio", se denomina así a la calcedonia rojiza (Fig. 40).

Figura 40. Ejemplo de carniola (sardio) (https://buff.ly/2Vnqm19).

Crisoprasa – variedad preciosa de calcedonia de color verde amarillo pálido a verde manzana (Fig. 41). Se presenta en ocasiones con brillo céreo.

Figura 41. Ejemplo de crisoprasa (https://buff.ly/2It1RL0).

Arqueología, Espeleología y Geología: Posibilidades de colaboración interdisciplinarias.

Heliotropo – variedad verde brillante u oscura de calcedonia, con pequeñas manchas de color rojo sangre (Fig. 42).

Figura 42. Ejemplo de heliotropo (https://buff.ly/2MmexnJ).

Ágata – variedad de calcedonia formada por estratos o bandas, La estratificación es ondulada o irregular, pero paralela (Fig. 43).

Figura 43. Ejemplo de ágata (https://buff.ly/2ATHv9b).

Arqueología, Espeleología y Geología: Posibilidades de colaboración interdisciplinarias.

Ónice – ágata a bandas o líneas rectas paralelas (Fig. 44).

Figura 44. Ejemplo de ónice (https://buff.ly/2LQXxHb).

Jaspe – variedad opaca de color rojo, amarillento o grisáceo (Fig. 45).

Figura 45. Ejemplo de jaspe (https://buff.ly/31TzeOx).

Arqueología, Espeleología y Geología: Posibilidades de colaboración interdisciplinarias.

Pedernal – mineral traslúcido a opaco, de fractura concoidea, de color gris, pardo humo o negro parduzco. Frecuentemente en nódulos con contornos blancos (Fig. 46).

Figura 46. Ejemplo de pedernal (https://buff.ly/33SQCQn).

Sílex – incluye variedades de apariencia en forma de cuerno, así como pedernales y jaspes impuros (Fig. 47).

Figura 47. Ejemplo de sílex (https://buff.ly/2AMYbzt).

Arqueología, Espeleología y Geología: Posibilidades de colaboración interdisciplinarias.

Variedades Clásticas

Arena – granos de cuarzo no consolidados (Fig. 48).

Figura 48. Ejemplo de arenales en varadero, Cuba (https://buff.ly/30TCdFg).

Arenisca – arena consolidada con cemento silíceo, carbonatado o de otro tipo. Tanto su composición como color puede ser muy variable (Fig. 49).

Figura 49. Ejemplo de areniscas (https://buff.ly/2VhXwiM).

Arqueología, Espeleología y Geología: Posibilidades de colaboración interdisciplinarias.

Acerca del Autor

Como geólogo profesional con treinta y seis años en la industria minera, tengo una amplia experiencia geológica, geoquímica y minera, habilidades gerenciales y una sólida formación en técnicas de investigación y capacitación de personal técnico. Hablo inglés, francés, español y ruso con fluidez. He participado en varios proyectos en todo el mundo (Canadá, África, Rusia, Indonesia, el Caribe y América Central y del Sur). Los proyectos incluyeron desde reconocimiento regional hasta mapeo local, programas de perforación de diamantes y RC, mapeo y muestreo a cielo abierto y subterráneo, muestreo e interpretación geoquímica, y varias técnicas de exploración relacionadas con la búsqueda de diamantes, PGM, oro, níquel, plata, base metales, minerales industriales, petróleo y gas, y otros depósitos de minerales magmáticos, hidrotermales, porfiríticos, VMS y SEDEX. Mis fortalezas especiales están relacionadas con la adquisición de nuevas propiedades, estudios geoquímicos y geológicos, gestión y organización, análisis y modelación geomatemática, análisis composicional de datos, inteligencia artificial, estudios estructurales, diseño de bases de datos, estudios QA&QC, estudios de exploración, y redacción de informes técnicos. P. Geo. registrado en la provincia de Ontario.

ORCID ID: https://orcid.org/0000-0002-5421-0914
Scopus Author ID: 7003369619
Researcher ID: S-6604-2018
Mendeley profile: https://www.mendeley.com/profiles/ricardo-valls/